FORSCHUNGSBERICHTE DES LANDES NORDRHEIN-WESTFALEN

Nr. 1765

Herausgegeben
im Auftrage des Ministerpräsidenten Dr. Franz Meyers
vom Landesamt für Forschung, Düsseldorf

DK 678.073.029.34
678.742.2.029.34
678.743.22.029.34
678.744.029.34
678.675.029.34

Prof. Dr.-Ing. Alfred H. Henning†
Prof. Dr.-Ing. habil. Karl Krekeler†
Prof. Dr.-Ing. Georg Menges
Dipl.-Ing. Bernhard J. Frerichmann

Institut für Kunststoffverarbeitung in Industrie und Handwerk
an der Rhein.-Westf. Techn. Hochschule Aachen

Ermittlung fertigungsgerechter Arbeitsbedingungen und Untersuchung des Zerspanungsverhaltens beim Drehen thermoplastischer Kunststoffe

WESTDEUTSCHER VERLAG · KÖLN UND OPLADEN 1966

ISBN 978-3-663-06294-3 ISBN 978-3-663-07207-2 (eBook)
DOI 10.1007/978-3-663-07207-2

Verlags-Nr. 011765

Gesamtherstellung: Westdeutscher Verlag

Inhalt

Abkürzungsverzeichnis 7

1. Einleitung 10

1.1 Überblick über den Stand der Verarbeitungstechnik 11
1.2 Vorversuche an Hartgewebe und Polyvinylchlorid 13
1.2.1 Hartgewebe (Schnittkraft-, Temperatur- und Oberflächenmessungen) 13
1.2.2 Verschleißangriff von Polyvinylchlorid im Vergleich mit Hartgewebe und metallischen Werkstoffgruppen 16
1.3 Die Eigenschaften der Kunststoffe in bezug auf ihre Zerspanbarkeit 18
1.4 Aufgabenstellung und Abgrenzung des Versuchsbereiches 21

2. Die untersuchten Werkstoffe 22

2.1 Amorphe thermoplastische Kunststoffe 23
2.2 Teilkristalline thermoplastische Kunststoffe 24
2.3 Die Versuchswerkstoffe 25

3. Versuchsmaschinen und Geräte 29

3.1 Drehmaschine und Versuchsvorrichtungen 29
3.2 Versuchswerkzeuge 30
3.3 Meßverfahren und -einrichtungen 30
3.3.1 Oberflächenmeßgerät 30
3.3.2 Schnittkraftmesser 31
3.3.3 Mikroskopische Untersuchungen an Dünnschnitten im polarisierten Licht 33
3.3.4 Temperaturmessung 33

4. Ermittlung günstiger Werkzeugabmessungen 34

4.1 Schnittkraftmessungen 34
4.2 Oberflächenuntersuchungen in Abhängigkeit vom Spanwinkel und vom Eckenradius 37
4.3 Bearbeitungsgrenzen 42

5. Ermittlung der günstigsten Arbeitsbedingungen 45

5.1 Schnittkraftmessungen 45
5.2 Einfluß der Arbeitsbedingungen auf die Oberflächengüte 55
5.3 Einfluß der Arbeitsbedingungen auf die Werkstückaußenschicht .. 61

6. Untersuchung des Spanbildungsprozesses an Hand von Versuchen im orthogonalen Schnitt 67

7. Kontrolle der auftretenden Schnittemperaturen 82

8. Zusammenhang der Zerspanungsgrößen Schnittkraft, Zerspanungsenergie und Oberflächengüte mit den Eigenschaften der Werkstoffe 84

8.1 Die spezifische Hauptschnittkraft in Abhängigkeit von Schnittgeschwindigkeit, Vorschub und Schnittiefe 84
8.2 Rechnerische Erfassung der Einflüsse von Schnittiefe und Vorschub auf die Hauptschnittkraft 88
8.3 Vergleich der Zerspanbarkeitskenngröße und der Verformungsarbeit mit mechanischen Eigenschaftswerten 91
8.4 Zusammenhang der minimal erzielbaren Oberflächenrauhigkeit mit Eigenschaftswerten 94

9. Zusammenfassung 96

9.1 Ermittlung optimaler Werkzeugabmessungen und Arbeitsbedingungen 96
9.2 Untersuchung des Zerspanungsverhaltens 96
9.3 Abgrenzung der Zerspanungskenngrößen und ihr Zusammenhang mit Eigenschaftswerten................................ 98

Literaturverzeichnis 101

Abkürzungsverzeichnis

Kurzzeichen	Dimension	Bedeutung	Anmerkung
A	kpcm/cm³	Formänderungsarbeit	
A	kcal/kpm	mechanisches Wärmeäquivalent	in Gl. (11)
B	mm	Verschleißmarkenbreite	
C	–	Schnittgütegrad	$C = \frac{R_{tq\ \text{theor.}}}{R_{tq\ \text{gem.}}}$
E	kp/cm²	Elastizitätsmodul	
E_{so}	kpm/cm³	spez. Scherarbeit	
ET	°C	Einfrier- oder Erweichungstemperatur	
F	mm²	Spanquerschnitt	
FT	°C	Fließtemperatur	
G	kp/cm²	Schubmodul	
HM	–	Hartmetall	
KT	°C	Kristallitschmelztemperatur	
P	kp	resultierende Schnittkraft	
P_H	kp	Hauptschnittkraft	
P_R	kp	Rückkraft	
P_V	kp	Vorschubkraft	
P_S	kp	Scherkraft in der Scherebene	
P_N	kp	Schnittkraft senkrecht zur Spanfläche	
P_T	kp	Schnittkraft parallel zur Spanfläche	
P_{SN}	kp	Schnittkraft senkrecht zur Scherebene	
P_{ST}	kp	Schnittkraft parallel zur Scherebene	
PA-B	–	Polyamid B (Polycaprolactam-Polyamid 6)	
PE	–	Polyäthylen	
POM	–	Polyoxymethylen (Polyacetalharz)	
PVC	–	Polyvinylchlorid	
E-PVC	–	Emulsions-Polyvinylchlorid	
S-PVC	–	Suspensions-Polyvinylchlorid	
R_t	μm	Rauhtiefe	

Kurzzeichen	Dimension	Bedeutung	Anmerkung
R_{tl}	µm	Längsrauhigkeit	
R_{tq}	µm	Querrauhigkeit	
$R_{tq\,\mathrm{gem.}}$	µm	gemessene Querrauhigkeit	
$R_{tq\,\mathrm{theor.}}$	µm	theoretische Querrauhigkeit	$R_{tq\,\mathrm{theor.}} = \frac{s^2}{8\,r}$
SS	–	Schnellarbeitsstahl	
T'	min	Verschleißstandzeit	
$T'_{B=0,1}$	min	Verschleißstandzeit für eine Verschleißmarkenbreite von 0,1 mm	
V_A	%	Vergleichszahl für die Formänderungsarbeit bezogen auf den Wert für Polyamid	
V_{Eso}	%	Vergleichszahl für die Scherarbeit bezogen auf den Wert für Polyamid	
$V_{ks1.1}$	%	Vergleichszahl für den »Hauptwert der spez. Schnittkraft« bezogen auf den Wert für Polyamid	
V_G	%	Vergleichszahl für den Schubmodul bezogen auf den Wert für Polyamid	
VT	°C	Versprödungstemperatur	
WS	–	Werkzeugstahl	
ZT	°C	Zersetzungstemperatur	
a	mm	Schnittiefe	
c	cal/g °C	spez. Wärme	
d_l	µm	Spanlamellendicke	
h_1	mm	Spanungsdicke	
h_2	mm	Spandicke	
k_s	kp/mm²	spez. Hauptschnittkraft	
$k_{s1.1}$	kp/mm²	Hauptwert der spez. Schnittkraft für einen Spanquerschnitt $a \cdot s = 1\ \mathrm{mm}^2$	
r	mm	Eckenradius	
s	mm/U	Vorschub	
t	sec	Zeit	
v	m/min	Schnittgeschwindigkeit	
v_D	%/sec	Formänderungs- bzw. Dehngeschwindigkeit	
v_{sp}	m/min	Spangeschwindigkeit	
v_{60}	m/min	Stundenschnittgeschwindigkeit	
$1-y$	–	Exponent der Schnittkraftgleichung	

Kurzzeichen	Dimension	Bedeutung	Anmerkung
$1 - z$	–	Exponent der Schnittkraftgleichung	
α	°	Freiwinkel	
β	°	Keilwinkel	
γ	°	Spanwinkel	
γ	–	Schiebung	in Gl. (5), (6), (7)
γ	g/cm^3	spez. Gewicht	in Gl. (11)
$\gamma^{\cdot}$	1/sec	Schergeschwindigkeit	in Gl. (7)
δ_B	%	Bruchdehnung	DIN 53455
ε	°	Eckenwinkel	
ε_0	–	spez. Schiebung	
η	$kpsec/m^2$	dynamische Zähigkeit	
ϑ	°C	Schnittemperatur an der Schneidkante des Drehmeißels	
$\vartheta_{s\,\max}$	°C	maximal mögliche Scherebenentemperatur	
$\varkappa$	°	Einstellwinkel	
λ	°	Neigungswinkel	
λ	kcal/m h °C	Wärmeleitfähigkeit	VDE 0304
λ_{sp}	–	Spanstauchung	$\lambda_{sp} = h_2/h_1$
ϱ	°	Winkel zwischen Spanfläche und Scherebene	Abb. 62
σ_1 ; σ_2	kp/mm^2	Hauptspannungen nach Mohr	Abb. 62
σ_B	kp/cm^2	Bruchfestigkeit	DIN 53455
σ_D	kp/cm^2	Druckfestigkeit	
σ_s	kp/cm^2	Streckgrenzenfestigkeit	DIN 53455
σ_s	kp/mm^2	Normalspannung am Spanelement	Abb. 62
σ_z	kp/cm^2	Zugfestigkeit	DIN 53455
τ	kp/mm^2	Schubspannung	Gl. (5), (6), (7)
τ_s	kp/mm^2	Schubspannung am Spanelement	Abb. 62
τ_Φ	kp/mm^2	Spannung in der Scherebene	
Φ	°	Scherwinkel	
φ	°	Gleitwinkel (nach Mohr)	Abb. 62
ω	°	Winkel zwischen der Normalspannungsrichtung und der Hauptspannungsrichtung (nach Mohr)	Abb. 62

1. Einleitung

Die spanende Bearbeitung von Kunststoffen hat neben den Massenfabrikationsverfahren Pressen, Spritzpressen, Spritzgießen und Extrudieren eine maßgebende Bedeutung. Eine Reihe von Kunststofftypen wird vielfach für die Herstellung technischer Teile, wie z. B. Zahnräder und Lager bzw. zur Herstellung von Nullserien oder Mustern verwendet und dabei häufig spanend bearbeitet. Während in den dreißiger und vierziger Jahren fast ausschließlich duroplastische Verbundwerkstoffe als technische Teile zum Einsatz kamen, wurde gerade in den letzten Jahren eine Reihe thermoplastischer Kunststofftypen aus Polyvinylchlorid, Polyamid, Polyacetalharz und Polyolefinen bekannt, die – teils in reiner Form, teils als Verbundwerkstoffe – einerseits den mechanisch-technologischen Anforderungen technischer Teile genügen, andererseits aber z. B. durch ihre Schweißbarkeit und günstigen Gleiteigenschaften gewisse Vorteile gegenüber den Duroplasten haben.

Abgesehen von der Herstellung komplizierter Formteile und der Fabrikation von Formteilen in kleinen Stückzahlen, bei denen eine spanende Bearbeitung vielfach aus wirtschaftlichen Gründen notwendig ist, treten in vielen Fabrikationssparten, wie z. B. der Installationstechnik, der Lüftungstechnik, dem Apparate- und Maschinenbau auch gewisse Stufen der Serienproduktion auf. Entscheidend für die Wahl des Herstellungsverfahrens bestimmter technischer Teile sind neben der Stückzahl insbesondere die Form des Produktes sowie die Menge des Abfalles bzw. der anfallenden Späne. Große Dimensionen, dickwandige Partien, häufiger Dimensionswechsel gleichartiger Produkte sowie Hinterschneidungen zwingen häufig zu einer spanenden Fertigung. Ebenso können Forderungen nach engen Toleranzen oder kurzen Lieferfristen der spanenden Fertigung gegenüber dem Spritzgußverfahren den Vorzug geben. Aus verschiedenen Kalkulationsbeispielen geht hervor, daß je nach Größe und Form des Werkstückes Serien bis zu 5000 bis 10000 Stück, in Sonderfällen sogar bis zu 200000 Stück, vorteilhafter spanend gefertigt werden als nach dem Spritzgußverfahren [22].

Obwohl Analogien zwischen der spanenden Bearbeitung von Metallen und Kunststoffen bestehen, ist eine Übertragung von Versuchsergebnissen und Erfahrungen zu den verschiedenen Bearbeitungsverfahren nicht ohne weiteres möglich. Um Kunststoff zufriedenstellend zerspanen zu können, ist eine genauere Kenntnis über den Schneidvorgang und das Verhalten der Kunststoffe während des Schnittes notwendig. Die thermischen Eigenschaften dieser Werkstoffe, wie spezifische Wärme, Wärmeleitfähigkeit und Temperaturempfindlichkeit einerseits und die ausgeprägte Abhängigkeit der mechanisch-technologischen Eigenschaften von der Temperatur und der Beanspruchungsgeschwindigkeit andererseits, bereiten besondere Schwierigkeiten.

Um optimale Arbeitsbedingungen für eine wirtschaftliche Fertigung zu erzielen, sind daher grundlegende Untersuchungen zur Bearbeitung dieser neueren Werkstofftypen notwendig. Angaben für die spanabhebende Bearbeitung von Kunststoffen liegen bisher nur in geringem Umfang vor.

1.1 Überblick über den Stand der Verarbeitungstechnik

Seit den dreißiger Jahren wurde eine Reihe von Berichten und Artikeln über die Zerspanbarkeit von Kunststoffen veröffentlicht, die sich überwiegend mit der Bearbeitung duroplastischer Werkstoffe, wie Hartpapier, Hartgewebe und Schichthölzer, befassen. Hierin werden als grundsätzliche Forderungen für die Zerspanung von Kunststoffen scharfes, schnitthaltiges Werkzeug und hohe Schnittgeschwindigkeit bei kleinen Vorschüben gestellt. Die in diesen Literaturstellen enthaltenen Angaben über Arbeitsbedingungen und Werkzeugformen sind jedoch größtenteils unvollständig. Sie stellen im wesentlichen Erfahrungswerte aus verschiedenen Betrieben und anwendungstechnischen Abteilungen dar, ohne die grundlegenden Einflüsse und Abhängigkeiten zu untersuchen und zu erfassen. Für neuere Werkstofftypen, wie z. B. hochmolekulare Polyolefine oder Polyacetalharze, sind bisher keine Einzelheiten bekannt geworden.
Grundlegende Untersuchungen zur Zerspanbarkeit von geschichteten Kunstharz-Preßstoffen führten SCHALLBROCH und v. DODERER durch [19]. Dabei wurden an mehreren Hartgewebetypen und einem Schichtholztyp Schnittkraftmessungen, Standzeit-, Verschleiß-, Oberflächen- und Spanbildungsuntersuchungen sowie Temperaturmessungen beim Drehen, Fräsen, Bohren und Feilen angestellt. Für die angegebenen Werkstoffe und Bearbeitungsverfahren wurden die günstigsten Werkzeugformen und Arbeitsbedingungen ermittelt. Für das Drehen von Schichtstoffen auf Basis duroplastischer Harze stellten sich folgende wesentliche Zusammenhänge heraus:

a) Verschleiß und Standzeit

Bei der Zerspanung von Schichtstoffen tritt reiner Freiflächenverschleiß auf, dessen Größenordnung am besten über die Verschleißmarkenbreite B der Freifläche gemessen wird. Dabei verhält sich der Verschleißwiderstand der Werkzeuge und damit deren Standzeit für Werkzeugstahl : Schnellstahl : Hartmetall etwa wie 1 : 2 : 17.
Von den die Werkzeugform bestimmenden Größen haben nur der Freiwinkel α und der Spanwinkel γ wesentlichen Einfluß auf den Werkzeugverschleiß. Von den einstellbaren Arbeitsbedingungen bewirken insbesondere wachsender Vorschub und steigende Schnittgeschwindigkeit eine Zunahme des Verschleißes, wenn auch nicht in gleichem Maße wie bei Metallen. Der Einfluß des zu zerspanenden Werkstoffes auf Verschleiß und Standzeit der Werkzeuge wird bei duroplastischen Schichtstoffen insbesondere durch die Art und den Aufbau der Füll- bzw. Trägerwerkstoffe bestimmt.

b) Schnittkräfte

Entsprechend den geringeren mechanischen Eigenschaftswerten der Kunststoffe liegen auch die auftretenden Zerspanungskräfte niedrig im Vergleich zu Metallen. Während die spezifische Schnittkraft

$$k_s = \frac{P_H}{a \cdot s} \text{ (kp/mm}^2\text{)} \qquad (1)$$

bei den meisten Werkstoffen von der Schnittgeschwindigkeit abhängig ist, zeigt sich bei Schichtstoffen praktisch keine Abhängigkeit dieser beiden Größen. Von den variablen Arbeitsbedingungen gilt dagegen als Haupteinflußfaktor auf die spezifische Schnittkraft der Vorschub s, wobei mit zunehmendem Vorschub die spezifische Schnittkraft abnimmt. Der Einfluß der Schnittiefe a ist erwartungsgemäß gering.
Von den die Werkzeugform bestimmenden Größen hat der Freiwinkel α nur geringen Einfluß auf die spezifische Schnittkraft. Stärker dagegen ist die Abhängigkeit der spezifischen Schnittkraft vom Spanwinkel γ, wobei sich mit zunehmendem Spanwinkel die Schnittkraft verringert. Eine Änderung des Neigungswinkels λ bedingt nur eine unwesentliche Änderung der auftretenden Schnittkräfte.

c) Oberflächengüte

Wie bei metallischen Werkstoffen wird die erzielbare Oberflächengüte vornehmlich durch die Geometrie des Werkzeuges – beim Drehen insbesondere durch den Eckenradius r – und die Größe des Vorschubes bestimmt. Eine Vergrößerung der Schnittgeschwindigkeit bewirkt im allgemeinen eine Verbesserung der Oberflächengüte. Nach SCHALLBROCH und v. DODERER erzielt man bei Schichtstoffen meistens bessere Oberflächengüten als bei metallischen Werkstoffen bei gleichen Bearbeitungsbedingungen.

d) Spanbeurteilung

Die Spanentstehung und damit die auftretende Spanform werden von den gewählten Schnittbedingungen und dem Verhalten des Werkstoffes während des Schnittes bestimmt. Die Spanentstehung beeinflußt andererseits auch die Oberflächengüte des bearbeiteten Werkstückes.
Während die Schnittgeschwindigkeit wie bei den Metallen einen entscheidenden Einfluß auf die Spanform hat, machen sich unterschiedliche Meißelwinkel hinsichtlich der Spanform bei der Bearbeitung von Schichtstoffen kaum bemerkbar. Bei der Zerspanung von Schichtstoffen entstehen Scherspäne, deren Größe mit wachsender Schnittgeschwindigkeit abnimmt. Nahezu bei allen Schnittbedingungen entsteht neben flockigen Spänen Spanstaub, dessen Anteil mit zunehmender Schnittgeschwindigkeit wächst.
Die ferner in der Literatur enthaltenen Bearbeitungsangaben finden sich meistens in Berichten über bestimmte Kunststoffe, ihre Verarbeitung und Anwendung.

Eine Zusammenfassung von umfangreichen Betriebserfahrungen und Bearbeitungsangaben der Literatur wurde 1961 von H. ZICKEL herausgegeben [13]. KOBAYASHI [29, 30] untersuchte in Modellversuchen das Zerspanungsverhalten verschiedener Kunststofftypen im orthogonalen Schnitt und beurteilte ihre Zerspanbarkeit auf Grund der anfallenden Späne. Er ermittelte aus Schnittkraftmessungen einen kritischen Spanwinkel, bei dem die resultierende Schnittkraft mit der Schnittrichtung zusammenfällt. Bei Kunststoffen ohne Füll- und Trägerwerkstoffe werden bei einem Zerspanungsvorgang mit Fließspanbildung nach KOBAYASHI gute Oberflächen erzielt. Für die Werkstoffe Polymethylmethacrylat, Polystyrol, Polytetrafluoräthylen und ungefülltes Polyestergießharz wird in Arbeitsdiagrammen der Einfluß von Spanwinkel und Schnittiefe auf die Spanbildung aufgezeigt. An Hand verschiedener Bearbeitungsverfahren werden die Einflüsse von Spanwinkel, Schnittiefe, Vorschub und Schnittgeschwindigkeit auf das Zerspanungsverhalten, die Wärmeentwicklung, Spanbildung, Schnittkraft und zu erwartende Oberflächengüte erläutert. REZNIKOV [37] berichtet über Temperaturmessungen an verschiedenen Metallen und dem Kunststoff Polystyrol. Danach ist beim Drehen von Polystyrol bei einem Spanwinkel von 16°, einem Freiwinkel von 8°, einer Schnittiefe von 1,2 mm mit 200 m/min Schnittgeschwindigkeit und 0,14 mm/U Vorschub an der Spanfläche eine Temperatur von 402°C und an der Freifläche eine Temperatur von 364°C aufgetreten.
Versuche an mit Titandioxid versetztem Polystyrol werden in einer Veröffentlichung von REZNIKOV und CIRULINA beschrieben [38]. Bei dem untersuchten Werkstoff zeigte sich nur eine unwesentliche Abhängigkeit der Schnittkraftkomponenten von der Schnittgeschwindigkeit. Der Einfluß des Vorschubes auf die Schnittkräfte ist sehr stark von der Art der Spanbildung abhängig. Es ergibt sich ein wesentlicher Unterschied zwischen den Vorschubbereichen $s = 0{,}09$–$0{,}14$ mm/U mit Fließspanbildung und $s = 0{,}15$–$0{,}23$ mm/U bei Bildung von Scherspänen. Auch die erzielbare Oberflächengüte wird vornehmlich von der Größe des Vorschubes bestimmt. Hierbei wirkt sich neben den reinen geometrischen Zusammenhängen insbesondere der Spanbildungsprozeß dahingehend aus, daß bei Vorschüben mit $s > 0{,}15$ mm/U größere Rauhigkeiten auftreten. Die Abhängigkeit der Querrauhigkeit R_{tq} vom Vorschub s zeigt an dieser Stelle einen ausgeprägten Kurvensprung. Schnittiefe, Schnittgeschwindigkeit und Spanwinkel sind praktisch ohne Einfluß auf die erzielbare Oberflächengüte.

1.2 Vorversuche an Hartgewebe und Polyvinylchlorid

1.2.1 Hartgewebe (Schnittkraft-, Temperatur- und Oberflächenmessungen)

Um einen Anschluß an die Versuchsergebnisse von SCHALLBROCH und v. DODERER [19] und einen Vergleich der Versuchsanordnungen zu gewinnen, wurden an Hartgewebe einige Vergleichsversuche durchgeführt. Dabei wurden folgende Versuchsbedingungen verglichen:

Schneidengeometrie	Nach SCHALLBROCH und v. DODERER	Eigene Versuche
Freiwinkel α	8°	10°
Keilwinkel β	70°	70°
Spanwinkel γ	12°	10°
Einstellwinkel $\varkappa$	45°	45°
Eckenwinkel ε	90°	90°
Neigungswinkel λ	0°	0°
Eckenradius r	0,5 mm	1 mm
Schneidstoff	HM-G	HM-K 10
Schnittbedingungen		
Schnittgeschwindigkeit v	50–300 m/min	100–900 m/min
Vorschub s	0,05–0,5 mm/U	0,04–0,4 mm/U
Schnittiefe a	2 mm	2 mm
Spanquerschnitt $a \cdot s$ [bei $k_s = f(v)$]	$2 \cdot 0{,}21\ mm^2$	$2 \cdot 0{,}2\ mm^2$

Ein Vergleich der Versuchsergebnisse ergibt folgendes Bild:

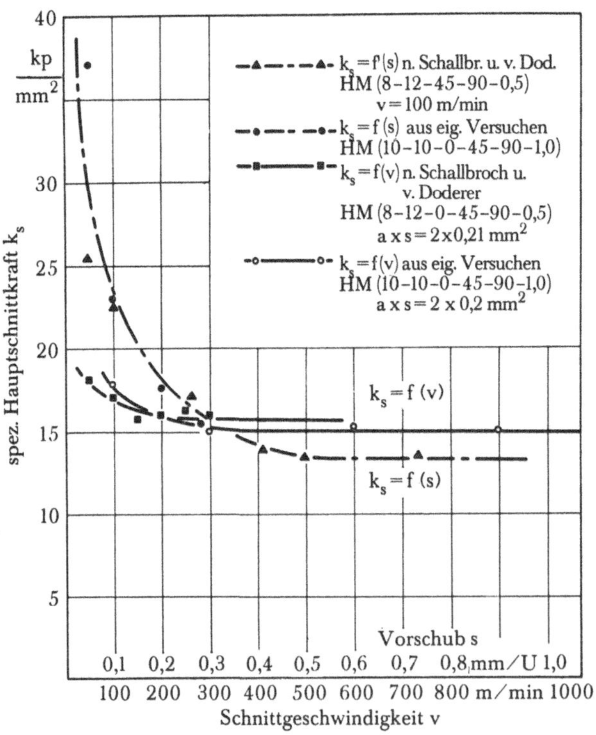

Abb. 1 Vergleich der spezifischen Hauptschnittkraft in Abhängigkeit von Schnittgeschwindigkeit v bzw. Vorschub s nach SCHALLBROCH und v. DODERER [19] mit eigenen Versuchen

a) Schnittkraftmessungen

Bei der Bearbeitung von Hartgewebe beträgt die spezifische Schnittkraft für einen Vorschub $s = 0{,}04$ mm/U 32 kp/mm². Sie fällt mit zunehmendem Vorschub bis zu $s = 0{,}4$ mm/U auf 13 kp/mm² und bleibt dann konstant.
Bei Schnittgeschwindigkeiten $v > 300$ m/min ist die spezifische Schnittkraft unabhängig von der Schnittgeschwindigkeit. Die in eigenen Versuchen ermittelten Hauptschnittkräfte liegen rd. 1 kp/mm² unter den von SCHALLBROCH und v. DODERER gemessenen Schnittkraftwerten. Damit besteht praktisch eine Übereinstimmung. Der geringfügige Unterschied hat seine Ursache in maschinenbedingten unterschiedlichen Versuchsbedingungen und unterschiedlichen Materialeigenschaften, da insbesondere Verbundwerkstoffe selbst bei gleicher Typenbezeichnung unterschiedliche Eigenschaften der Harze und Schichtmaterialien aufweisen können.

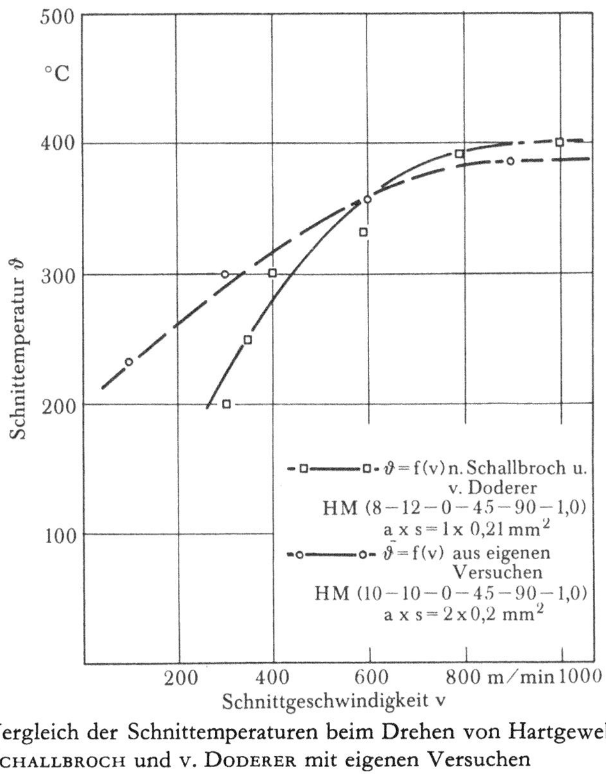

Abb. 2 Vergleich der Schnittemperaturen beim Drehen von Hartgewebe nach SCHALLBROCH und v. DODERER mit eigenen Versuchen

b) Temperaturmessungen

SCHALLBROCH und v. DODERER versuchten, über Standzeitermittlungen an legierten Werkzeugstählen die bei der Zerspanung von Schichtstoffen auftretenden Temperaturen zu ermitteln. Bei extrem hohen Schnittbedingungen ermittelten sie Schnittemperaturen von rd. 400° C. Diese maximal aufgetretenen Schnittemperaturen wurden in eigenen Versuchen bestätigt. Die Abhängigkeit der Schnitttemperatur von der Schnittgeschwindigkeit in niederen Schnittgeschwindigkeitsbereichen wich jedoch von den Messungen der genannten Verfasser ab.

c) Oberflächengüte

Ein Vergleich der erzielten Oberflächenrauhigkeiten (Abb. 3) zeigt ebenfalls gute Übereinstimmung. Die von SCHALLBROCH und v. DODERER ermittelten Werte für die Querrauhigkeit liegen im Mittel ca. 1 μm unter den Ergebnissen aus eigenen Versuchen. Der in eigenen Versuchen erzielte Schnittgütegrad $C = \frac{R_{tq\,\text{theor.}}}{R_{tq\,\text{gem.}}}$ weicht im Mittel um ca. 5% von den Ergebnissen von SCHALLBROCH und v. DODERER ab.

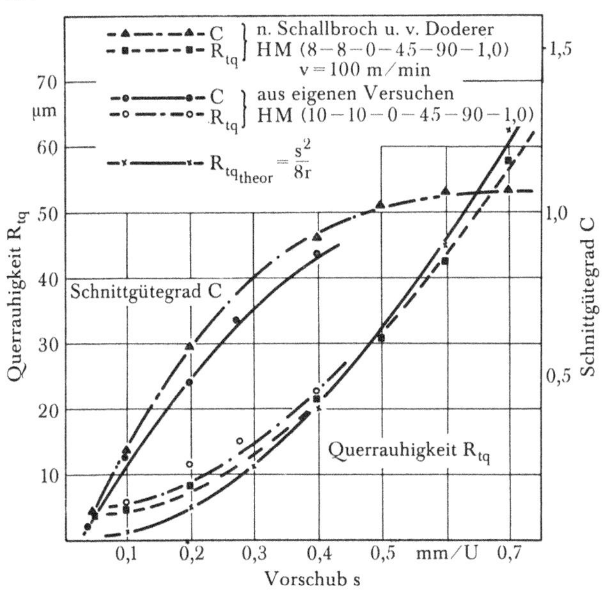

Abb. 3 Vergleich der Querrauhigkeit und des Schnittgütegrades nach SCHALLBROCH und v. DODERER [19] mit eigenen Versuchen

1.2.2 Verschleißangriff von Polyvinylchlorid im Vergleich mit Hartgewebe und metallischen Werkstoffgruppen

Zur Abgrenzung der Beurteilungskriterien für die Zerspanbarkeit thermoplastischer Kunststoffe wurden Vorversuche über den Verschleißangriff von PVC auf Schnellarbeitsstahl-Drehmeißel durchgeführt. Während bei der Bearbeitung von Stahl, insbesondere bei Schnellarbeitsstahl-Werkzeugen, die Standzeit des Werkzeuges vornehmlich von der Wärmeentwicklung an der Schneidstelle ab-

hängt, wirkt sich bei der Zerspanung von Kunststoffen in stärkerem Maße der mechanische Verschleißangriff des Werkstoffes auf das Werkzeug aus. Bei Schnellarbeitsstahl-Werkzeugen ergibt sich ebensowenig wie bei Hartmetall-Werkzeugen ein eindeutiges Erliegekriterium. Vielmehr stumpft das Werkzeug nur langsam durch mechanische Abtragung kleiner Schneidstoffpartikel ab.
Als Verschleißkriterium wurde die Verschleißmarkenbreite $B = 0{,}1$ mm an der Freifläche des Drehmeißels gewählt, die mit einem Meßmikroskop ausgemessen wurde. Die Abhängigkeit der Verschleißmarkenbreite von der Drehzeit T wurde in einem doppeltlogarithmischen Koordinatensystem aufgetragen. Hieraus ergibt sich nach dem Schema in Abb. 4 die Abhängigkeit der Standzeit T' von der Schnittgeschwindigkeit v, die sogenannte Verschleißstandzeitgerade.

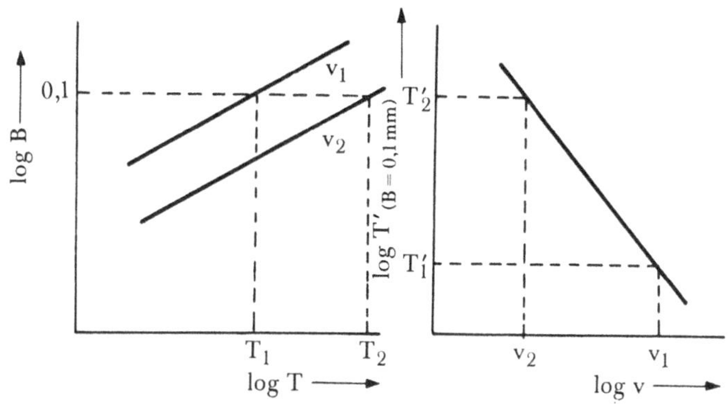

Abb. 4 Schema zur Ermittlung der T'-v-Geraden

Die Abb. 5 zeigt die Abhängigkeit $T' = f(v)$ für Polyvinylchlorid im Vergleich mit Ergebnissen aus Versuchen an Hartgewebe [19].
Bei Metallen werden häufig Verschleißmarkenbreiten von $B = 0{,}2$ mm zur Beurteilung ihrer Zerspanbarkeit zugrunde gelegt. Die gegenüber thermoplastischen Kunststoffen wesentlich stärker verschleißend wirkenden Duroplaste mit Trägerwerkstoffen zeigen selbst bei Begrenzung der Verschleißmarkenbreite auf $B = 0{,}1$ mm vor allem bei Hartmetall-Werkzeugen wirtschaftliche Standzeiten. Nahezu gleich hohe Standzeiten wie bei der Bearbeitung von Hartgewebe mit Hartmetall-Werkzeugen werden bei PVC schon mit Schnellarbeitsstahl-Werkzeugen erreicht.
In der Literatur sind für den Vergleich der verschiedenen Werkzeugarten zu einigen Werkstoffgruppen Vergleichszahlen für die v_{60}-Werte der Werkzeuge angegeben, die im folgenden zusammengestellt sind:

Zerspanungswerkstoff	Verhältniszahlen für die v_{60}-Werte von		
	WS	SS	HM
Stahl [4]	0,25	1	4–8
Grauguß [4]	0,3	1	5
Duroplaste mit Trägerwerkstoffen [19]	0,5	1	8,5

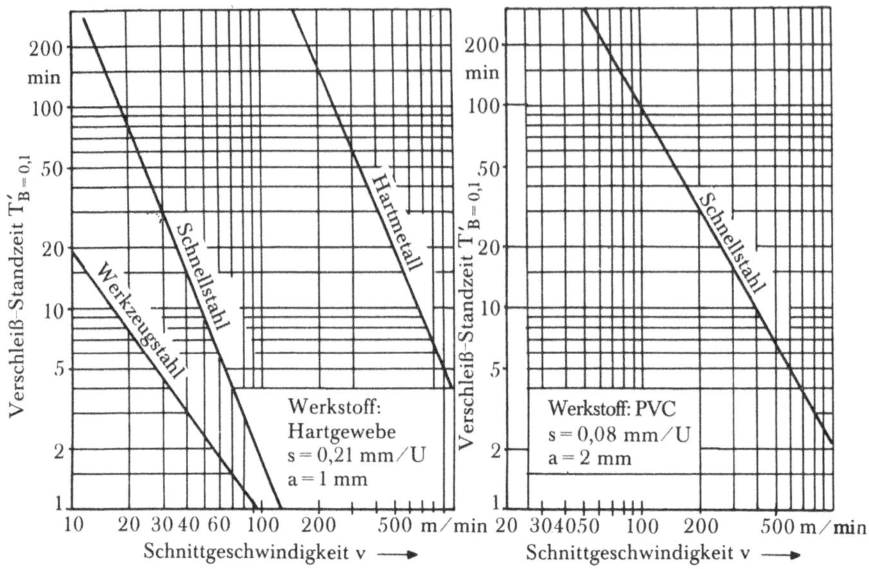

Abb. 5 Verschleißstandzeitgeraden für Hartgewebe und PVC

Die hier angegebenen Verhältniszahlen des Verschleißwiderstandes sind für sehr unterschiedliche Werkstoffgruppen wie Stahl, Grauguß und Duroplaste mit Trägerwerkstoffen nahezu gleich. Daher scheint eine qualitative Übertragung dieser Verhältnisse auf den vorliegenden Zerspanungsfall zulässig.
Wenn die Vorversuche an Polyvinylchlorid zeigen, daß dieser Werkstoff auf Schnellstahlwerkzeuge nur einen sehr geringen Verschleißangriff ausübt, so lassen sich zwei wesentliche Schlüsse ziehen.

1. Selbst bei Einsatz von Werkzeugstahl sind sehr geringe Verschleißwirkungen bei thermoplastischen Kunststoffen zu erwarten.
2. Wenn für Reihenuntersuchungen über die auftretende Schnittkraft, die erzielbare Oberflächengüte usw. HM-bestückte Werkzeuge eingesetzt werden, ist keine wesentliche Beeinflussung der Versuchsergebnisse durch den Verschleiß der Werkzeuge zu erwarten.

1.3 Die Eigenschaften der Kunststoffe in bezug auf ihre Zerspanbarkeit

Die Zahl der Einflußgrößen bei der spanenden Bearbeitung ist bei Kunststoffen ebenso groß wie bei Metallen. Sie umfaßt Art, Form, Anstellung, Werkstoff und Schneidenzustand der Werkzeuge sowie die schon oben erwähnten variablen Schnittbedingungen wie Schnittgeschwindigkeit, Vorschub und Schnittiefe. Alle diese Größen bestimmen die auftretenden Schnittkräfte und Schnittemperaturen, die erzielbare Genauigkeit und die Oberflächengüte der bearbeiteten Werkstücke.

Gegenüber der Metallbearbeitung sind außerdem folgende Punkte besonders zu beachten:

a) Die Kunststoffe sind allgemein schlechte Wärmeleiter. Ihre Wärmeleitfähigkeit liegt zwischen 0,14 kcal/m h °C bei Thermoplasten wie PVC und etwa 0,3 kcal/m h °C bei Schichtpreßstoffen wie den Phenoplasten. Sie beträgt damit nur etwa $^1/_{1000}$ der Wärmeleitfähigkeit von Kupfer bzw. etwa $^1/_{125}$ der Wärmeleitfähigkeit von Stahl. Die Wärmeleitfähigkeit ist von entscheidendem Einfluß auf die Temperatur- und Wärmeverteilung bei der Zerspanung. Dies gilt insbesondere für die Wärmeabfuhr aus dem Bereich der Reibungsflächen zwischen Werkstoff und Schneidstoff. Die schlechte Wärmeleitfähigkeit der Kunststoffe bedingt einen intensiven Wärmestau im Werkstoff. Die Wärmeabfuhr erfolgt daher fast ausschließlich über das Werkzeug. Dadurch kann bei bestimmten Schneidstoffen eine übermäßige thermische Beanspruchung auftreten, so daß z. B. ein dauernd im Schnitt stehendes Werkzeug aus Werkzeugstahl bei hohen Schnittgeschwindigkeiten an der Schneide ausglühen kann.

b) Gegenüber Metallen haben Kunststoffe eine geringere Wärmebeständigkeit. Bei Duroplasten tritt unter Wärmeeinwirkung im Temperaturbereich oberhalb ca. 180–200°C ein Zersetzen und Verkohlen der Harze auf. Amorphe Thermoplaste erweichen bei Überschreiten der Einfriertemperatur, die bei manchen Werkstoffen schon bei 50–60°C liegt, und teilkristalline Werkstoffe schmelzen bei Erreichen des Kristallschmelzbereiches. Die erzielbare Genauigkeit und Oberflächengüte der Werkstücke fallen bei Erreichen dieser Temperaturen merklich ab.

c) Kunststoffe weisen im allgemeinen einen Unterschied zwischen der niedrigeren Zugfestigkeit gegenüber der höheren Druckfestigkeit bei üblichen Prüfbedingungen auf. Daraus schließt Kobayashi [29], daß Werkzeugformen, die bei der Bearbeitung eine Zugbelastung des Werkstoffes bewirken, die Zerspanungskräfte verringern und den Trennvorgang erleichtern.
Andererseits zeigen Kunststoffe eine deutliche Abhängigkeit der mechanisch-technologischen Eigenschaften von der Temperatur und der Belastungsgeschwindigkeit, wie es in Abb. 6 schematisch dargestellt ist.

Mit steigender Temperatur fällt die Festigkeit der Werkstoffe ab, während die Dehnung zunimmt. Mit zunehmender Belastungsgeschwindigkeit dagegen steigt die Festigkeit, und die Dehnung nimmt ab. Zudem nimmt, abweichend vom Verhalten der Metalle, der Elastizitätsmodul mit wachsender Formänderungsgeschwindigkeit zu. Temperatur und Belastungsgeschwindigkeit sind somit entscheidend für das Verformungsverhalten und damit für die Art des Trennvorganges, die Spanentstehung und die Spanform.

Ein Werkstoff wird sich z. B. unter Voraussetzung gleicher Temperaturen mit steigender Schnittgeschwindigkeit zunehmend spröder verhalten, bis bei überkritischen Schnittgeschwindigkeiten Ausbrüche an der Oberfläche des Werkstückes auftreten. Da bei der Zerspanung von Kunststoffen ohnehin nur relativ geringe Schnittkräfte auftreten, muß bei Festlegung der Werkzeugform den genannten Bearbeitungsgrenzen, die sich in Form von Oberflächenausbrüchen

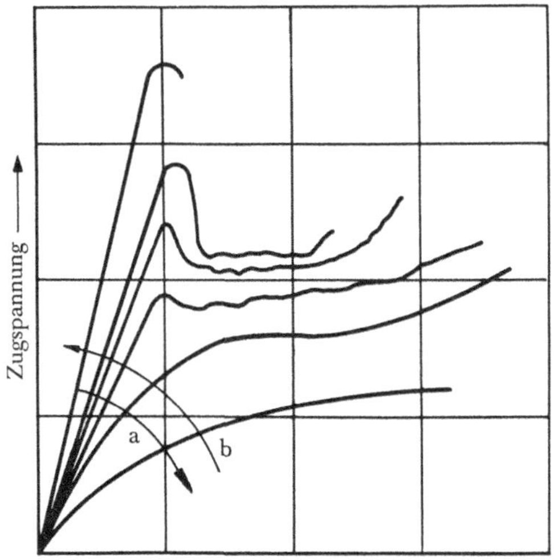

Abb. 6 Einfluß von Temperatur und Belastungsgeschwindigkeit auf das Spannungs–Dehnungs-Verhalten von Kunststoffen
a) steigende Temperatur
b) steigende Belastungsgeschwindigkeit

zeigen, mehr Beachtung geschenkt werden, als dem von Kobayashi genannten Kriterium geringer Zerspanungskräfte.

In vielen Fällen werden den Kunststoffen Zusatz- und Hilfsstoffe beigemischt, die als Farbstoffe, Wärmestabilisatoren, Gleitmittel, Licht- und Alterungsschutzmittel u. ä. dienen. Alle diese Hilfsstoffe beeinflussen in gewissem Maße die Zerspanungseigenschaften. Am bedeutendsten sind hierbei Metalloxide, die häufig verschleißend auf die Werkzeuge wirken.

Den meisten duroplastischen Werkstoffen sind Füll- bzw. Trägerwerkstoffe zugesetzt, die je nach ihrer Art mehr oder weniger starken Werkzeugverschleiß bewirken. In jüngster Zeit sind auch gefüllte thermoplastische Kunststoffe auf den Markt gebracht worden, die sich bei der Zerspanung wie die gefüllten Duroplaste verhalten.

Die nachfolgende Aufstellung enthält die wichtigsten Füll-, Träger- und Zusatzwerkstoffe:

Organische Substanzen	*Anorganische Substanzen*
Holzmehl;	Metalloxide;
faserige Zellulose;	Metallpulver;
textile Fasern, Schnitzel und Gewebebahnen;	Asbestfasern;
Holzschnitzel und Bahnen in Form von geschälten oder gemesserten Furnieren.	Asbestschnüre;
	Glasfasern;
	Glimmer;
	Gesteinsmehl.

Die Reihenfolge kennzeichnet in etwa zunehmende Verschleißwirkung.

1.4 Aufgabenstellung und Abgrenzung des Versuchsbereichs

In einer Reihe von Veröffentlichungen und Firmenschriften sind Angaben über die zu wählenden Werkzeugformen und Schnittbedingungen bei der spangebenden Bearbeitung von Kunststoffen enthalten. Die meisten Literaturstellen befassen sich mit der Zerspanbarkeit von Schichthölzern, Hartpapier und Hartgewebe. Die angegebenen Werte für Meißelgeometrie, Schnittgeschwindigkeiten, Vorschub und Schnittiefe sind jedoch häufig unvollständig, insofern, als man vielfach Angaben über Arbeitsbedingungen ohne Hinweise auf die verwendeten Werkzeuge und Vorrichtungen findet und umgekehrt. Sie umfassen zudem für die einzelnen Werkstoffe einen sehr breiten Bereich von möglichen Zerspanungsbedingungen. Am augenscheinlichsten ist jedoch das allgemeine Fehlen von Angaben über die angesetzten Kriterien zur Beurteilung der optimalen Zerspanungsbedingungen.

Die in der vorliegenden Arbeit behandelten Untersuchungen beim Drehen thermoplastischer Kunststoffe sollen zur Klärung des Zerspanungsverhaltens und zur Schaffung von Bearbeitungsrichtwerten beitragen. Als Hauptbeurteilungskriterium wird die erzielbare Oberflächengüte herangezogen. Daneben sind die auftretenden Schnittemperaturen zu beachten, da sie die Spanbildung, Oberflächengüte und Spanabfuhr beeinflussen. Da die Wirtschaftlichkeit der Bearbeitung mit betrachtet werden muß, kommen der Schnittkraft und der Spanbildung Bedeutung zu.

Wie in Abschnitt 1.2.2 gezeigt, ist die Standzeit der Werkzeuge ohne Bedeutung für die Zerspanbarkeit der Kunststoffe, da diese praktisch keinen Verschleißangriff zeigen.

Die Untersuchungen umfassen thermoplastische Kunststofftypen, die für die Herstellung von technischen Teilen und Konstruktionselementen eingesetzt werden und häufig spanend ihre Formgebung erfahren.

Für die Werkstoffe Polyvinylchlorid, Polyamid, Polyacetalharz und Polyäthylen hart werden die Abhängigkeiten der Versuchskriterien von der Werkzeugform und den Schnittbedingungen ermittelt.

Schnittkraftmessungen bei orthogonalem Schnitt und Gefügeuntersuchungen an den Spänen sollen Aufschlüsse über das Zerspanungsverhalten geben.

Daneben wird an teilkristallinen Werkstoffen mit Hilfe von Gefügeuntersuchungen der Einfluß der verschiedenen Bearbeitungsbedingungen auf die Qualität des Werkstückes ermittelt.

2. Die untersuchten Werkstoffe

Kunststoffe sind makromolekulare Werkstoffe, die durch Umwandlung hochmolekularer Naturprodukte oder synthetisch gewonnen werden. Der chemische Aufbau und die physikalische Struktur bestimmen die Eigenschaften und Einsatzmöglichkeiten dieser Werkstoffe. Bei gegenüber Metallen relativ niedrig liegenden mechanisch-technologischen Eigenschaften zeichnen sie sich durch gute elektrische Isolierfähigkeit und eine hohe Beständigkeit gegenüber Chemikalien aus. Sie haben durch ihre besonderen Eigenschaften, verbunden mit leichter Verarbeitbarkeit, in vielen Einsatzgebieten wesentliche Fortschritte ermöglicht.

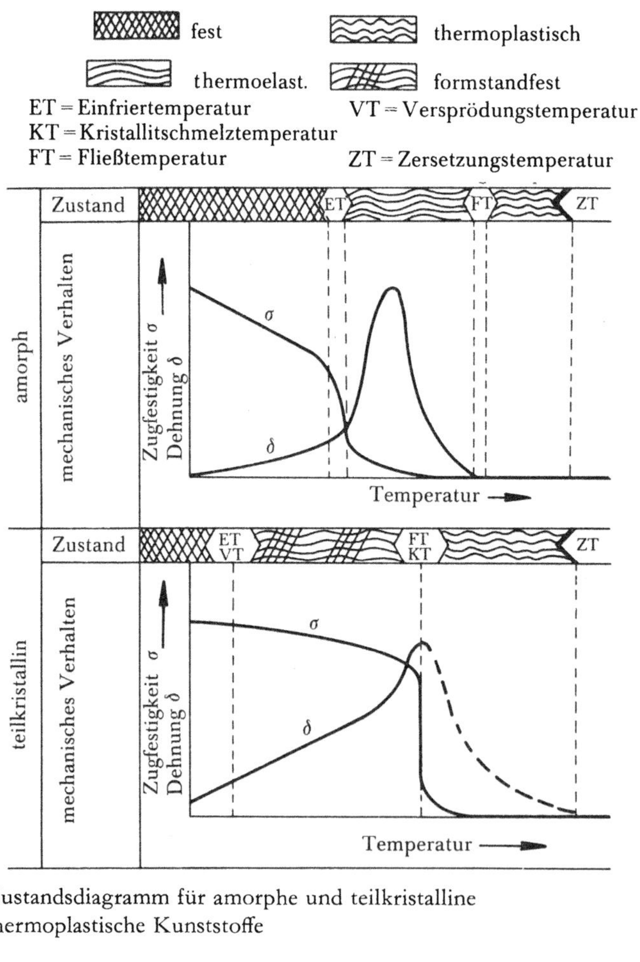

Abb. 7 Zustandsdiagramm für amorphe und teilkristalline thermoplastische Kunststoffe

Die in der vorliegenden Arbeit zur Untersuchung herangezogenen Kunststofftypen gehören zur Gruppe der thermoplastischen Kunststoffe. Sie bestehen aus einer Vielzahl fadenförmiger Makromoleküle, deren Zusammenhalt durch intermolekulare Kraftwirkungen hervorgerufen wird, was in erster Linie ihr Festigkeits- und Verformungsverhalten bestimmt. Eigenschaften und Verarbeitungsverhalten werden durch die Art der Grundbausteine, die Größe und Stellung der Seitengruppen im Makromolekül, gegebenenfalls durch Anzahl und Größe von Seitenketten sowie bei teilkristallinen Werkstoffen durch den Kristallinitätsgrad bestimmt.
Zur Kennzeichnung des technologischen Verhaltens dieser Werkstoffe werden die Zustandsformen in Abhängigkeit von der Temperatur ermittelt (Abb. 7).
Die Temperaturabhängigkeit des technologischen Verhaltens der Thermoplaste kann durch das Verhalten der Makromoleküle in Abhängigkeit von der Temperatur gedeutet werden. Mit zunehmender Temperatur wird die Beweglichkeit der Ketten größer, die zwischenmolekularen Kräfte nehmen ab.

2.1 Amorphe thermoplastische Kunststoffe

Bei amorphen thermoplastischen Kunststoffen unterscheidet man drei Zustandsformen:

1. den festen Zustand,
2. den thermoelastischen Zustand,
3. den thermoplastischen Zustand.

Der Übergang von einer Zustandsform in die andere ist bei diesen Werkstoffen nicht scharf begrenzt. Zwischen die Zustandsbereiche schieben sich Übergangsbereiche:

a) der Einfrier- oder Erweichungsbereich *ET*,
b) der Fließbereich *FT*.

Die Lage und Breite der Zustands- und Übergangsbereiche ist abhängig vom chemischen und strukturellen Aufbau des jeweiligen Werkstoffes. Hierbei sind Copolymerisate oder Beimischungen anderer Polymerer sowie die Länge der Makromoleküle – meßbar durch das Molekulargewicht und die Molekulargewichtsverteilung – von wesentlichem Einfluß.
Amorphe thermoplastische Kunststoffe sind unterhalb *ET* fest und besitzen mechanische Eigenschaften ähnlich denen von z. B. Glas. Sie weisen elastisches Dehnvermögen und Gestaltfestigkeit auf. Die Beweglichkeit der Molekülketten und die Beweglichkeit einzelner Molekülsegmente sind behindert, die Gestalt der Makromoleküle ist eingefroren. Mit steigender Temperatur vermindert sich die Steifigkeit der Molekülfäden. Durch die Auflockerung des Molekülverbandes ist eine Abnahme der Festigkeitseigenschaften bedingt.
Der Einfrier- oder Erweichungsbereich bildet den Übergang vom hartelastischen zum thermoelastischen Zustand. In diesem Bereich setzt die innere Beweglichkeit der Fadenmoleküle ein. Beim Erwärmen des Werkstoffs fällt die Festigkeit hyper-

bolisch ab. Da der Zusammenhalt des Molekülverbandes durch Verschlingungen der Makromoleküle gegeben ist, bleibt die Form des Werkstoffes erhalten.
Im thermoelastischen Zustand weisen diese Werkstoffe eine große elastische Dehnbarkeit auf. Dabei werden die ungeordneten Fadenmoleküle entknäuelt und orientiert. Das Werkstück läßt sich in den Grenzen seiner thermoelastischen Dehnbarkeit verformen. Seine unter Belastung erzwungene Form kann durch Abkühlung unter die Einfriertemperatur festgehalten werden. Bei Entlastung oder erneuter Erwärmung stellt sich der Werkstoff jedoch in seine ursprüngliche Form zurück.
Bei weiterer Temperatursteigerung durchläuft der Werkstoff den Fließtemperaturbereich und gelangt schließlich in den thermoplastischen Zustand, in dem der Werkstoff als teigige, zähflüssige Masse vorliegt. Die Makromoleküle können weitgehend unbehindert aneinander vorbeigleiten. Die durch Fließen auftretenden Formänderungen sind irreversibel.

2.2 Teilkristalline thermoplastische Kunststoffe

Im Gegensatz zu den amorphen thermoplastischen Kunststoffen weisen teilkristalline thermoplastische Werkstoffe oberhalb des Einfrierbereiches eine größere Härte und Elastizität auf. Sie bleiben im Bereich bis zur Kristallitschmelztemperatur formstandfest. Das mechanische Verhalten ändert sich mit steigender Temperatur in diesem Bereich vom hartelastischen in ein zähhartes Verhalten. Dabei fällt die Festigkeit gleichmäßig ab, während die Dehnbarkeit zunimmt. Sie finden daher in diesem Bereich ihren Einsatz, zumal in vielen Fällen der Einfrierbereich unterhalb der Raumtemperatur liegt.
Das gegenüber amorphen Thermoplasten andersartige Verhalten ist auf das kristalline Gefüge dieser Werkstoffe zurückzuführen.
Langkettige lineare Makromoleküle lagern sich beim Erstarren aus der Schmelze weitgehend parallel in dichter Packung, so daß in dem erstarrten Festkörper geordnete und amorphe Bereiche nebeneinander auftreten. Diese in Abb. 8 schematisiert dargestellten Bereiche stellen die Mikrostruktur des Werkstoffes dar.
Die einzelnen Molekülketten können sich über mehrere kristalline und amorphe Bereiche erstrecken. Die Größe der Mikrokristalle liegt unterhalb der Wellenlänge des sichtbaren Lichtes und kann daher nur mit Hilfe von Röntgenstrahlen, Ultra- oder Elektronenmikroskopen gemessen und nachgewiesen werden. Andererseits bilden sie aber sogenannte Überstrukturen, indem sie sich zu kugelförmigen »Sphäroliten« zusammenlagern. Diese Überstruktur zeigt Doppelbrechung bei sichtbarem Licht und kann im Polarisationsmikroskop nachgewiesen werden.
Die Größe der auftretenden Sphärolite wird von den verschiedensten Faktoren beeinflußt. Hierbei haben die Temperatur der Schmelze und die Abkühlungsgeschwindigkeit die größte Bedeutung. Je höher die Schmelze über den Kristallitschmelzpunkt erhitzt wurde, desto größer sind die auftretenden Sphärolite. Wird die Schmelze nur wenige Grade über den Kristallitschmelzpunkt erwärmt, so stellt sich ein feinkörniges Gefüge ein, das keine ausgeprägten Sphärolite zeigt.

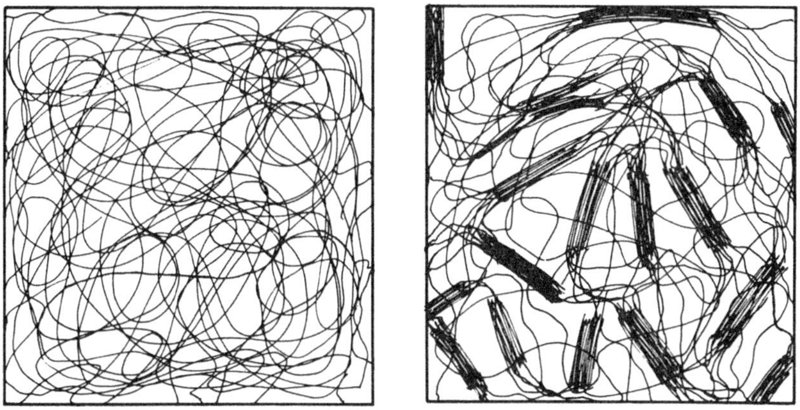

„Ideal ungeordneter" Makromolekülverband (amorph)

Makromolekülverband mit kristallinen Bereichen

Abb. 8 Schematische Darstellung der Mikrostruktur amorpher und teilkristalliner Kunststoffe

In engem Zusammenhang mit dem Temperaturniveau und der Abkühlungsgeschwindigkeit stehen Keimbildungs- und Wachstumsgeschwindigkeit der Sphärolite. Beide wachsen mit fallender Temperatur, womit auch der oben beschriebene Effekt des auftretenden feinkörnigen Gefüges erklärt wird. In gleicher Weise wie die Temperatur wirkt sich zum Beispiel bei Polyamid ein Restanteil an Monomeren im Festkörper aus. Die Monomeren wirken wie ein Lösungsmittel. Sie erhöhen die Beweglichkeit der Makromoleküle in ihrem Verband und erleichtern so die Kristallisation unter erhöhter Keimbildung.
Große und regelmäßige Sphärolite entstehen nur bei langsamer Abkühlung und ungestörter Kristallisation. Der Kristallisationsprozeß läßt sich von außen her z. B. durch die Verarbeitungstemperatur, die Abkühlungsverhältnisse oder auch durch Kristallisationshilfsmittel beeinflussen. Mechanische Einwirkungen auf die erstarrende Schmelze führen zu unregelmäßigen Gefügen, die sich in der Ausbildung unterschiedlich großer Sphärolite, z. B. in Form von Dendriten, äußern.

2.3 Die Versuchswerkstoffe

Bei der Auswahl der Versuchswerkstoffe wurden die wichtigsten thermoplastischen Kunststoffe berücksichtigt, aus denen häufig Maschinen- und Konstruktionselemente spangebend hergestellt werden. Soweit von den verschiedenen Arten der Thermoplaste Sondertypen für die genannten Einsatzgebiete entwickelt wurden, sind diese Sonderwerkstoffe als Versuchswerkstoffe verwendet worden (PE hart; Mol.-Gew. $> 10^6$ *). Aufbau und Eigenschaften der untersuchten Werkstoffe sind in Tab. 1 zusammengestellt.

* PE hart mit einem Mol.-Gew. $> 10^6$ wird z. B. unter dem Handelsnamen Supralen RCH 1000 von der Mannesmann AG, Düsseldorf, vertrieben.

Tab. 1 Eigenschaften der Versuchswerkstoffe, soweit sie die Zerspanung beeinflussen

Eigenschaft	Kurz-zeichen	Dimen-sion	Prüf-methode	Werkstoff				
				Polyvinyl-chlorid (S-PVC)	Polyvinyl-chlorid (E-PVC)	Polyamid (PA-B)*	Polyacetal-harz (POM)	Polyäthylen (PE)
Gefügezustand	–	–	–	amorph	amorph	teilkristallin	teilkristallin	teilkristallin
Spez. Gewicht	γ	g/cm^3	DIN 53479	1,38	1,38	1,12–1,13	1,41–1,42	0,94
Zugfestigkeit	σ_z	kp/cm^2	DIN 53455	570	500	800	630	200
Bruchdehnung	δ_B	%	DIN 53455	20–25	20–50	130	30–40	450
Druckfestigkeit	σ_D	kp/cm^2	–	~ 800	~ 700	~ 850	~ 650	~ 200
Elastizitätsmodul	E	kp/cm^2	–	30 000	30 000	24 000	30 000	8 000
Torsionsmodul	G	kp/cm^2	ASTM 1043	9 000	9 000	10 800	6 500	2 800
Temperatur-anwendungsbereich	–	°C	–	50–60	50–60	80–100	90–100	90
Erweichungs- bzw. Kristallit-schmelzbereich	ET bzw. KT	°C		80–90	80–90	180–200	140–160	105–120
Wärmeleitfähigkeit	λ	kcal/m h °C	VDE 0304	0,14	0,14	0,26–0,27	0,27	0,35
Spez. Wärme	c	cal/g °C	–	0,22–0,24	0,22–0,24	0,4–0,5	0,33	0,5–0,6

* Lufttrocken

Im folgenden soll noch kurz auf die Herstellungsarten der untersuchten Werkstoffe sowie auf die Haupteinsatzgebiete, bei denen eine spangebende Verarbeitung in Frage kommt, hingewiesen werden.

Polyvinylchlorid (PVC)

Handelsübliches Polyvinylchlorid wird durch eine Emulsions-, Suspensions- oder Fällungspolymerisation gewonnen. Das Material fällt pulverförmig an. Die Verarbeitung zum Halbzeug erfolgt meistens über einen Konfektionier- und Granuliervorgang, bei dem die notwendigen Zusätze beigemischt werden, auf Walzenkalandern oder Extrudern. Rohre und Profile werden extrudiert. Die Herstellung von Tafeln und Blöcken erfolgt im allgemeinen durch Kalandrieren von Folien, die anschließend in Etagenpressen unter Druck und Temperatur zur gewünschten Materialdicke zusammengepreßt und verschweißt werden.
Emulsionspolymerisate enthalten je nach Aufbereitung die gesamten oder zumindest einen Teil der Emulgiermittel. Dadurch wird die Verarbeitbarkeit zum Halbzeug zwar erleichtert, andererseits beeinflussen sie aber die Eigenschaften der Produkte, z. B. ihre Wasseraufnahme. Suspensionspolymerisate enthalten dagegen keine Emulgatoren und weisen im allgemeinen bessere technologische Eigenschaften auf.
Die Fällungspolymerisation liefert besonders reine Produkte mit entsprechend guten Eigenschaften, die insbesondere in der Elektro-Isoliertechnik Verwendung finden.
Halbzeuge aus Polyvinylchlorid haben auf dem Sektor der Kunststoffhalbzeuge zumindest in Westeuropa und Japan die größte Bedeutung. Gute mechanische Eigenschaften und chemische Beständigkeit, leichte Verarbeitbarkeit verbunden mit einem geringen Preis haben diesem Werkstoff breite Anwendungsbereiche erschlossen. Als Verwendungsgebiete für Halbzeuge aus PVC hart sind insbesondere der Apparate- und Rohrleitungsbau zu nennen. Der Einsatz erfolgt vor allem bei Raumtemperatur und niedrigen Belastungen, wie sie z. B. bei Absauge-, Entstaubungs- und Absorptionsanlagen sowie bei Laborgeräten und Apparaten für die Fotoindustrie gegeben sind. Die spangebende Formung hat wegen der mit dem Einsatz zusammenhängenden geringen Stückzahlen wesentliche Bedeutung.

Polyamid (PA-B)

Die wichtigsten Polyamide werden durch Polymerisation von ε-Caprolactam durch Polykondensation von Adipinsäure bzw. Sebacinsäure mit Hexamethylendiamin oder von ω-Aminoundecansäure gewonnen. Ihre chemische Struktur und ihre Eigenschaften ähneln einigen Naturprodukten wie Horn, Wolle oder Seide. Haupteinsatzgebiet der Polyamide ist die Herstellung synthetischer Fasern. Sie eignen sich jedoch auch vorzüglich – insbesondere mit höherem Molekulargewicht – für die Herstellung von Festkörpern. Hier zeichnen sie sich durch Zähigkeit, Biegefestigkeit, Abriebfestigkeit und Notlaufeigenschaften aus.
Bei dem hier untersuchten Polyamidtyp handelt es sich um ein Produkt auf der Basis Polycaprolactam, das für die Halbzeugherstellung und zum Einsatz für technische Teile besonders geeignet und weit verbreitet ist. Dieser Werkstoff ist relativ preiswürdig und besitzt die besten Zähigkeitseigenschaften.

Polyacetalharz (POM)

Polyoxymethylene und deren Mischpolymerisate, häufig wegen der Herstellung auch als Polyacetalharze bezeichnet, sind lineare Polymerisate, die durch Polymerisation gewonnen werden. Durch die Linearität der Moleküle neigen Polyacetalharze wie Polyamide und Polyolefine zum Kristallisieren. Wegen der hohen Härte und Steifigkeit bei guten Zähigkeits- und Notlaufeigenschaften sind diese Werkstoffe besonders für den Einsatz auf dem technischen Sektor geeignet. Sie besitzen eine gewisse, Metallen ähnliche »Federcharakteristik« und werden daher oft an Stelle von Metallspritzgußteilen eingesetzt.

Polyäthylen (PE)

Polyäthylen wird nach verschiedenen Polymerisationsverfahren gewonnen. Die in einer Gaspolymerisation bei 200° C und etwa 1500 atü anfallenden Hochdruck-Polyäthylene haben keine genau lineare Struktur, sondern weisen in der Kette Seitengruppen auf. Sie sind daher relativ weich und zeigen niedrige Festigkeit.

Die nach dem Niederdruckverfahren bei normalen oder nur leicht erhöhten Temperaturen und normalem Druck gewonnenen Polyäthylene sind weitgehend lineare Produkte. Wegen des niedrigen Verzweigungsgrades treten bei diesen Werkstoffen höhere Kristallinitätsgrade auf. Durch höheres Molekulargewicht und den höheren Kristallinitätsgrad bedingt, weisen Niederdruck-Polyäthylene höhere Festigkeitseigenschaften auf als die Hochdruck-Polyäthylene.

Der im Rahmen dieser Arbeit untersuchte Polyäthylentyp wurde speziell zum Einsatz für technische Teile entwickelt und hat ein sehr hohes Molekulargewicht (Mol.-Gew. $> 10^6$).

3. Versuchsmaschinen und Geräte

3.1 Drehmaschine und Versuchsvorrichtungen

Die Versuche wurden auf einer VDF-Drehmaschine, Modell S 500, in Sonderausführung mit erhöhten Spindeldrehzahlen und folgenden Maschinendaten durchgeführt:

Spitzenhöhe	225 mm
Drehdurchmesser	520 mm
Spindelbohrung	62 mm
Vorschub	0,07–2 mm/U längs
	0,03–0,9 mm/U quer
Leistung	7,5–15 kW

Die Spindeldrehzahl ist über einen Leonardsatz bei Zahnradtrieb zwischen 180 und 1400 U/min und bei Flachriementrieb zwischen 700 und 5000 U/min stufenlos regelbar.
Um eine einwandfreie Spanabfuhr zu garantieren und ein Aufwickeln der Späne auf dem Werkstück zu vermeiden, wurde eine Absaugvorrichtung eingesetzt, die in Abb. 9 schematisch dargestellt ist.

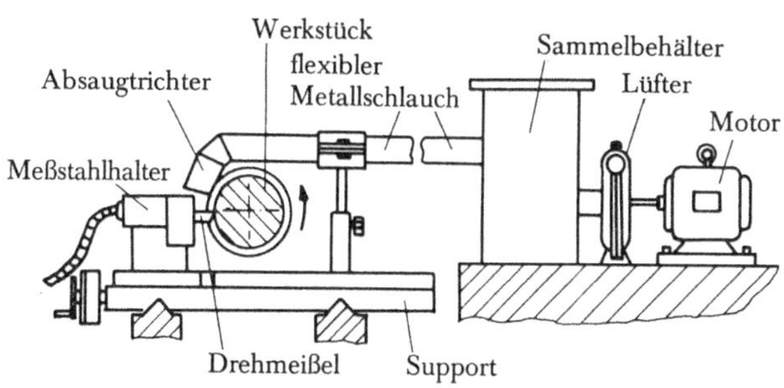

Abb. 9 Absaugvorrichtung (schematisch)

Das Verbindungsrohr zwischen Saugrüssel und Sammelbehälter ist auf dem Support der Drehmaschine befestigt. Der Ansaugtrichter bleibt daher während des Drehvorganges immer unmittelbar über der Meißelspitze. Ein Lüfter saugt über den Sammelbehälter am Saugrohr Luft an, die den entstehenden Span aus der Arbeitszone absaugt. Vor dem Ansaugstutzen des Lüfters ist im Sammelbehälter ein feines Sieb angeordnet, das die Späne zurückhält und somit eine

Verstopfung des Gebläses unterbindet. Bei der Bearbeitung von Werkstoffen, die bei der Zerspanung staubförmige Späne bilden, kann das Sieb zusätzlich mit einem Filtertuch abgedeckt werden, so daß alle Spansorten vom Fließspan bis zum Spanstaub mit dieser Vorrichtung wirksam abgesaugt und gesammelt werden können.

3.2 Versuchswerkzeuge

Die Versuche wurden mit hartmetallbestückten Drehmeißeln der Zerspanungsanwendungsgruppe K 10 durchgeführt. Die eingesetzte Hartmetallsorte wird allgemein für die Zerspanung von Kunststoffen empfohlen. Thermoplaste zeigen praktisch keine Verschleißwirkung auf diese Werkzeuge, so daß ein Einfluß des Werkzeugverschleißes auf die Meßergebnisse ausgeschaltet war. Die Kennzeichnung der Werkzeuge wird in den Abbildungslegenden in der Reihenfolge $(\alpha - \gamma - \lambda - \varkappa - \varepsilon - r)$ vorgenommen.

3.3 Meßverfahren und -einrichtungen

3.3.1 Oberflächenmeßgerät

Zur qualitativen Beurteilung der erzielten Oberflächen diente ein Lupensatz mit folgenden Vergrößerungsstufen: 5:1, 25:1, 100:1, 250:1.
Für die quantitative Ermittlung der Oberflächengüte wurde in umfangreichen Vorversuchen das Lichtschnittverfahren nach SCHMALTZ als das günstigste Meßverfahren erkannt.
Mit diesem Gerät lassen sich die Rauhtiefe und der Rillenabstand von Werkstücken messen, die ein Maß für die erzielbare Oberflächengüte darstellen.
Der Rauhtiefenmeßbereich beträgt ca. 1–100 µm, der Sehfelddurchmesser 1,4 bzw. 0,7 mm, je nach Wahl der Vergrößerung mit 200fach bzw. 400fach. Bei der Ermittlung der Oberflächengüte wurde bei allen Versuchen die 400fache Vergrößerung gewählt. Unter diesen Bedingungen betrug die Bezugsstrecke für die Rauhtiefenmessung 0,7 mm. Durch eine Bewegung des Kreuztisches können Flächen von 25 · 25 mm ausgewertet werden.
Beim Lichtschnittverfahren wird mit Hilfe eines Beleuchtungsmikroskopes (Q-S-O_1) unter 45° ein Lichtspalt auf der zu untersuchenden Oberfläche abgebildet. Das Spaltbild nimmt die Profilform der Oberfläche an und wird mit einem Betrachtungsmikroskop senkrecht zur Lichteinfallsrichtung beobachtet. Im Okular des Beobachtungsmikroskopes ist das Lichtband, das einen Profilschnitt darstellt, vergrößert sichtbar (Abb. 10).
Zur Messung ist das Gerät mit einem Okularschraubenmikrometer ausgestattet, an dessen Meßschraube die Rauhtiefe bzw. der Rillenabstand direkt in µm abgelesen werden kann. Dabei wird die durch die Lage des Lichtbandes und der Be-

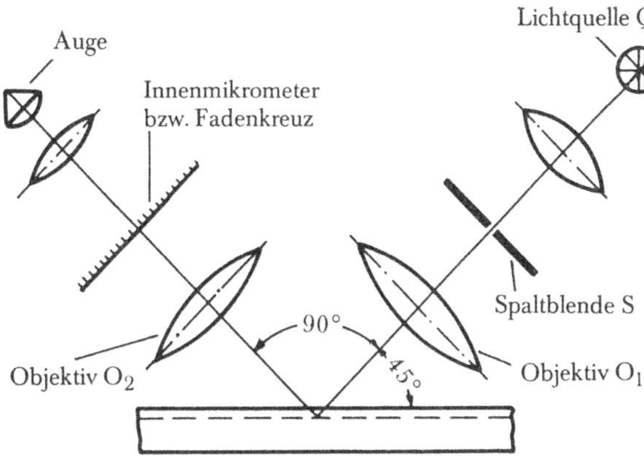

Abb. 10 Schema des Lichtschnittverfahrens

obachtungsrichtung bedingte Verzerrung der Profilhöhe, die der Gleichung $\frac{R'}{R} = \frac{1}{\sin 45^\circ} = \sqrt{2}$ folgt, ausgeglichen. Mittels einer aufsetzbaren Kamera können die Profilbilder auf Kleinbildfilm festgehalten und ausgewertet werden.

3.3.2 Schnittkraftmesser

Für die Untersuchung des Spanbildungsprozesses wurde ein gekröpfter Meßdrehmeißel eingesetzt, der zur Ermittlung der Hauptschnittkraft und der Vorschubkraft beim Orthogonalschnitt mit Dehnungsmeßstreifen versehen wurde. Um eine Verfälschung der Kraftmeßwerte durch die an der Meißelspitze auftretende Temperatur und die zum Schaft hin abfließende Wärme zu vermeiden, wurde in den Meßarm dieses Stahles eine Kühlstelle aus Kupfer eingebaut, die ständig von Kühlwasser durchflossen wird. Eine Skizze dieses Stahles zeigt Abb. 11.

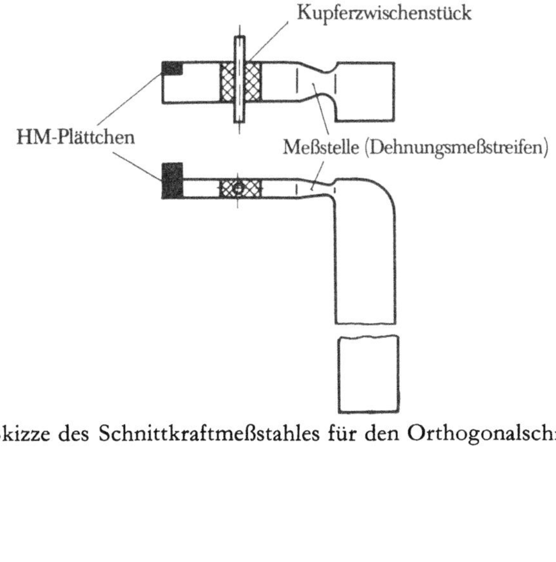

Abb. 11 Skizze des Schnittkraftmeßstahles für den Orthogonalschnitt

Die Meßwertanzeige erfolgte über Trägerfrequenzmeßbrücken der Fa. Philips vom Typ PT 1200/0.1 bzw. PT 1200. Für Reihenuntersuchungen zur Ermittlung der Schnittkräfte in Abhängigkeit von den verschiedenen Einflußfaktoren wurde ein Dreikomponenten-Meßstahlhalter, System Opitz, Nr. M 004, gemäß Skizze in Abb. 12 verwendet.

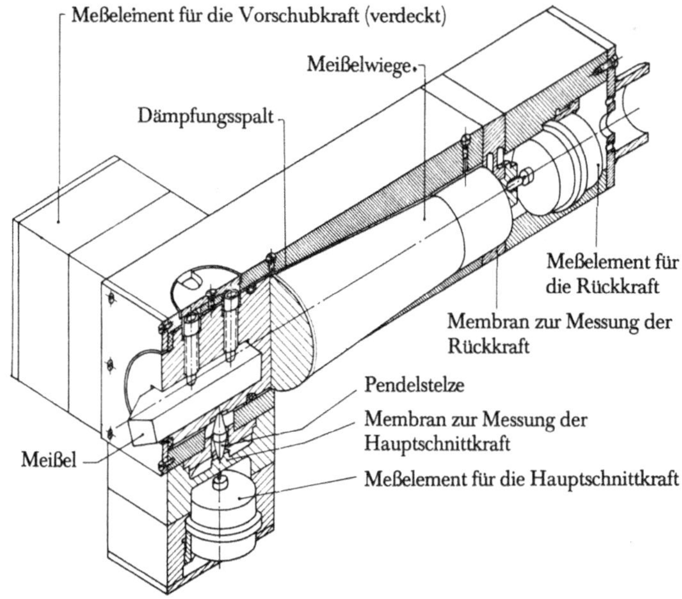

Abb. 12 Skizze des Dreikomponenten-Meßstahlhalters – System Opitz

Wegen der im Vergleich zu Metallen geringeren Schnittkräfte, die bei der Bearbeitung von Kunststoffen auftreten, wurden für die Kraftmeßelemente dünnere Membranen als bei der Normalausführung eingesetzt und somit eine größere Empfindlichkeit der Meßelemente erzielt.

Die Meßbereiche wurden auf folgende Maximalwerte abgestimmt:

	Meßbereich I	Meßbereich II
Hauptschnittkraft P_H	120 kp	40 kp
Vorschubkraft P_V	150 kp	50 kp
Rückkraft P_R	150 kp	50 kp

Die Meßgenauigkeit liegt in allen Meßbereichen bei $\pm 3\%$. Die Anzeige der Meßwerte erfolgt über 3 Präzisions-Milliamperemeter. Ein Mitschreiben der Meßwerte wird durch einen Vierfach-Lichtpunktlinienschreiber Type RLt 4 der Fa. Hartmann und Braun AG, Frankfurt a. M., ermöglicht.

3.3.3 Mikroskopische Untersuchungen an Dünnschnitten im polarisierten Licht

An teilkristallinen Kunststoffen können mit Hilfe von polarisationsoptischen Verfahren Gefügeuntersuchungen durchgeführt werden. Es lassen sich Gefügeänderungen nachweisen und so Einflüsse des Zerspanungsvorganges auf die Außenschichten des bearbeiteten Werkstückes bzw. auf die Späne aufzeigen.
Für die Herstellung von Dünnschnitten wurde ein Grundschlittenmikrotom Type 1300 der Fa. Leitz GmbH verwendet, mit dem Schnittdicken bis herab zu etwa 8–20 μm möglich sind. Polarisationsoptische Aufnahmen bzw. Messungen im polarisierten Licht wurden mit einem Mikroskop »Ortholux« der Fa. Leitz GmbH gemacht.

3.3.4 Temperaturmessung

In Anlehnung an eine Versuchsanordnung von Küsters [15], mit der die Temperaturverteilung in Hartmetall-Drehmeißeln gemessen wurde, sind bei den hier durchgeführten Temperaturmeßreihen Hartmetallplättchen mit Thermoelementen versehen worden. Die Meßanordnung und die Lage der Thermoelemente sind in Abb. 13 und 14 skizziert.

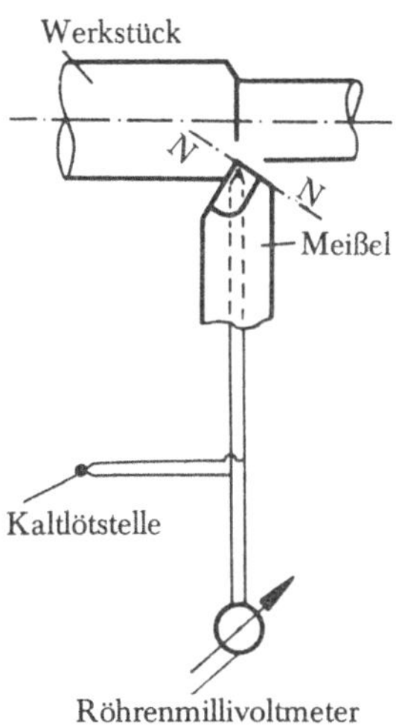

Abb. 13
Meßanordnung zur Ermittlung der Meißeltemperatur

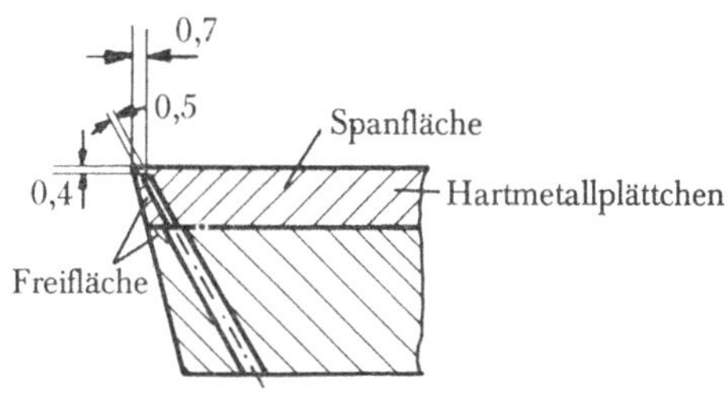

Abb. 14
Anordnung der Meßbohrung am Drehmeißel
Schnitt N-N (Abb. 13)

In eine elektroerosiv hergestellte Bohrung von 0,5 mm Durchmesser wurde ein Ni—CrNi-Thermopaar mit 0,2 mm Drahtdurchmesser eingeführt und am Bohrungsgrund mittels Kondensator-Impulsmethode verschweißt. Die beiden Thermodrähte sind mittels Isolierlack gegeneinander und gegen die Bohrungswand isoliert. Die Meßstelle liegt in einem Abstand von 0,5 mm von der Spanfläche, 0,4 mm von der Freifläche und damit 0,7 mm von der Schneidkante.
Die Messung der Thermospannung erfolgte mit einem Röhrenmillivoltmeter.

4. Ermittlung günstiger Werkzeugabmessungen

Die Beurteilung der Zerspanbarkeit und der verschiedenen Einflußfaktoren muß bei Kunststoffen nach anderen Gesichtspunkten erfolgen als bei Metallen. Gerade die thermoplastischen Kunststoffe zeigen praktisch keinen Verschleißangriff auf die Werkzeuge (vgl. Kap. 1.2.2). Dadurch tritt die Qualität des bearbeiteten Werkstückes, nämlich seine Oberflächengüte sowie Maß- und Formgenauigkeit, in den Vordergrund. Da die Kunststoffe einen geringen Elastizitätsmodul besitzen und somit bei geringen Schnittkräften schon eine Verformung auftritt, sind auch die wirksamen Schnittkräfte zu beachten. Dies gilt insbesondere für Werkstücke mit kleinem Durchmesser-Längenverhältnis, die schon bei geringen Schnittkräften dem Werkzeug ausweichen, wodurch Form- und Maßfehler auftreten können.

4.1 Schnittkraftmessungen

Von den die Schneidengeometrie kennzeichnenden Größen hat der Spanwinkel den stärksten Einfluß auf die Spanbildung und damit auch auf die spezifische Hauptschnittkraft. Bei den Untersuchungen der Werkstoffe Polyamid (PA-B), Polyoxymethylen (POM) und Polyäthylen (PE) wurden Schnittkraftmessungen mit Spanwinkeln von $\gamma = 0$; 10 und 30° durchgeführt. Da die beiden Polyvinylchlorid-Typen bei der Bearbeitung mit Spanwinkeln von $\gamma > 10°$ praktisch unter allen Arbeitsbedingungen Ausbrüche an der Oberfläche des Werkstückes zeigten, wurde bei diesen Werkstoffen der Einfluß des Spanwinkels zwischen $-3° < \gamma < +10°$ ausgewertet. Die Ergebnisse sind in den Abb. 15–17 zusammengefaßt.
Die Abb. 15 zeigt die Abhängigkeit der spezifischen Hauptschnittkraft vom Spanwinkel für die Werkstoffe Polyamid (PA-B), Polyoxymethylen (POM) und Polyäthylen (PE) bei einem Vorschub von $s = 0{,}14$ mm/U. Hiernach fällt die spezifische Hauptschnittkraft mit zunehmendem Spanwinkel unterschiedlich stark ab. Die Abnahme der spezifischen Hauptschnittkraft je Grad Vergrößerung des Spanwinkels beträgt im Mittel bei Polyamid 1,5%, bei Polyoxymethylen 1,25% und bei Polyäthylen 0,45%.
In Abb. 16 ist für Polyamid (PA-B) die Abhängigkeit der spezifischen Hauptschnittkraft vom Spanwinkel γ für verschiedene Vorschübe aufgetragen. Hierin zeigt sich eine verstärkte Abnahme der spezifischen Hauptschnittkraft mit wachsendem Spanwinkel bei Vorschüben von $s \geqq 0{,}2$ mm/U. Diese Erscheinung war auch bei Polyoxymethylen (POM) und Polyäthylen (PE) gegeben.
Für PVC ist die Abhängigkeit der spezifischen Hauptschnittkraft vom Spanwinkel γ für Vorschübe bis $s = 0{,}32$ mm/U im Bereich $-3° < \gamma < +10°$ in Abb. 17

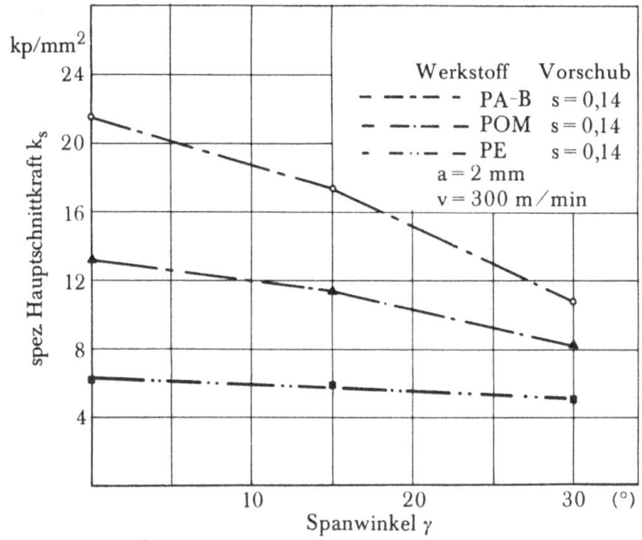

Abb. 15 Abhängigkeit der spezifischen Hauptschnittkraft vom Spanwinkel für die Werkstoffe Polyamid (PA-B), Polyoxymethylen (POM) und Polyäthylen (PE)
Schneidengeometrie: $10 - \gamma - 0 - 60 - 90 - 1{,}0$
$a = 2$ mm; $v = 300$ m/min

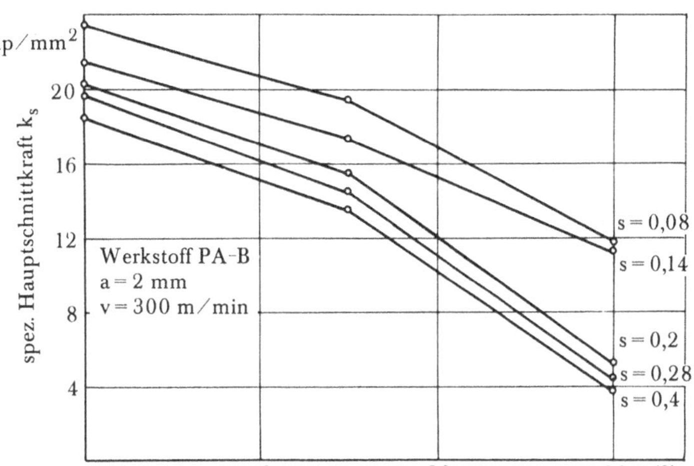

Abb. 16 Abhängigkeit der spezifischen Hauptschnittkraft vom Spanwinkel γ für Polyamid bei verschiedenen Vorschüben
Schneidengeometrie: $10 - \gamma - 0 - 60 - 90 - 1{,}0$
$a = 2$ mm; $v = 300$ m/min

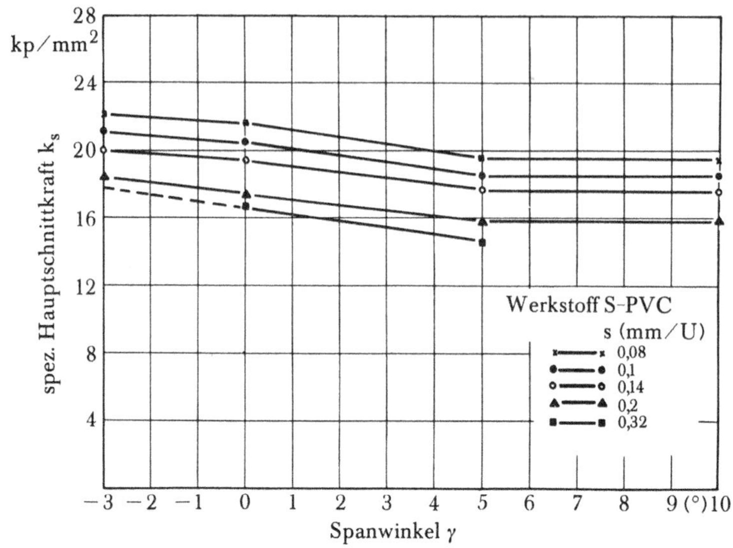

Abb. 17 Abhängigkeit der spezifischen Hauptschnittkraft vom Spanwinkel γ für PVC bei verschiedenen Vorschüben
Schneidengeometrie: $10 - \gamma - 0 - 60 - 90 - 1{,}0$
$a = 2$ mm; $v = 300$ m/min

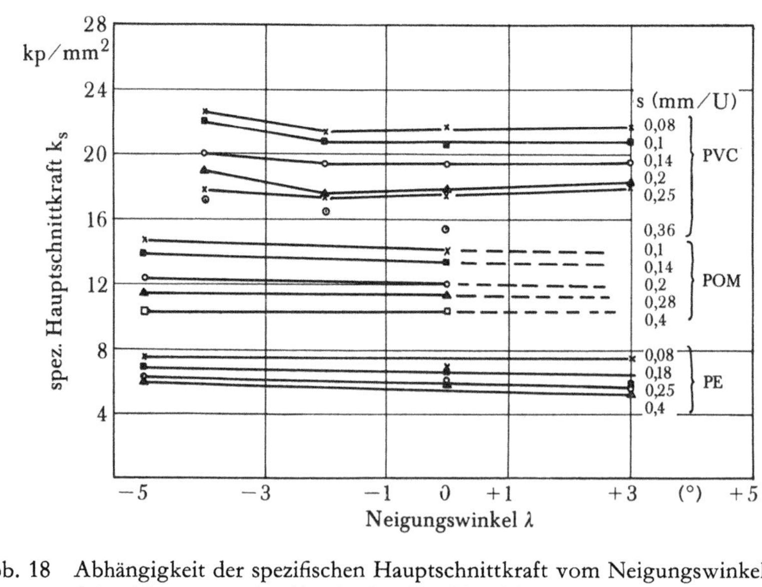

Abb. 18 Abhängigkeit der spezifischen Hauptschnittkraft vom Neigungswinkel λ
Schneidengeometrie: $10 - 0 - \lambda - 60 - 90 - 1{,}0$
$a = 2$ mm; $v = 300$ m/min

aufgetragen. Bei Vorschüben $s > 0{,}2$ mm/U traten oberhalb $\gamma = 5°$ Oberflächenausbrüche auf (vgl. Abschnitt 4.3).

Die Abnahme der spezifischen Hauptschnittkraft je Grad Vergrößerung des Spanwinkels ist in der folgenden Tab. 2 zusammengestellt:

Tab. 2 Prozentuale Abnahme der spezifischen Schnittkraft je Grad Spanwinkel für verschiedene Vorschubbereiche

Werkstoff	Vorschubbereich mm/U	Abnahme der spezifischen Schnittkraft je Grad Spanwinkel %
PVC	0,04–0,2	1,2
	> 0,2	1,4
PA	0,04–0,18	1,5
	> 0,2	2,65
POM	0,04–0,18	1,25
	> 0,2	1,8
PE	0,04–0,18	0,45
	> 0,2	1,25

In Abb. 18 ist der Einfluß des Neigungswinkels λ auf die spezifische Hauptschnittkraft im Bereich $-5° < \lambda < +5°$ für die Werkstoffe Polyvinylchlorid (PVC), Polyoxymethylen (POM) und Polyäthylen (PE) bei verschiedenen Vorschüben aufgezeichnet. Bei einem Spanwinkel $\gamma = 0°$ wurden für alle Vorschübe in Abhängigkeit vom Neigungswinkel praktisch gleiche Schnittkräfte gemessen. Die hier aufgezeigte Konstanz der Meßwerte gilt auch für die Werkstoffe E-PVC und PA-B. Der Einfluß des Freiwinkels α auf die spezifische Hauptschnittkraft kann vernachlässigt werden.

4.2 Oberflächenuntersuchungen in Abhängigkeit vom Spanwinkel und vom Eckenradius

An gedrehte Werkstücke werden Anforderungen bezüglich der Maß- und Formgenauigkeit sowie der Oberflächengüte gestellt. Die Maß- und Formgenauigkeit hängt in erster Linie von der Werkstückform, der Präzision und Steifigkeit der Werkzeugmaschine sowie der Steifigkeit des Werkstückes ab. Da bei der Bearbeitung von Kunststoffen relativ geringe Schnittkräfte auftreten, die vornehmlich nur bei kleinen Werkstückdurchmessern zu Maß- und Formgenauigkeitsfehlern führen können, erhält die erzielbare Oberflächengüte die größere Bedeutung als Zerspanbarkeitskenngröße. Als Maß für die Oberflächengüte gilt nach DIN 4760 die Rauhtiefe R_t, die bei Drehteilen nach der Längsrauhigkeit R_{tl} und der Querrauhigkeit R_{tq} unterschieden wird. Da die Längsrauhigkeit in ihrer Größenordnung wesentlich geringer ist als die Querrauhigkeit, wird letztere allein als Maß für die Oberflächengüte und somit als Zerspanbarkeitskenngröße herangezogen.

Die Querrauhigkeit R_{tq} wird als Abstand zwischen der Hüllgeraden und der Grundgeraden eines Oberflächenprofils in µm gemessen. Unter der Voraussetzung, daß sich die Meißelform mit dem Eckenradius r bei dem jeweiligen Vorschub s exakt als Rillenform abzeichnet, berechnet sich die Rauhtiefe mit genügender Genauigkeit nach der Formel

$$R_{tq} = \frac{s^2}{8\,r}\ \mu\text{m}.$$

Das tatsächliche Drehprofil weicht jedoch z. T. beträchtlich von der theoretischen Rauhtiefe ab.

Die Abweichung des Drehprofils von der theoretischen Rauhtiefe ist nach Brammertz [21] dadurch bedingt, daß der Zerspanungswerkstoff bis zu einem gewissen Grade der Schneide ausweicht, elastisch verformt wird und sich nach Passieren der Schneide zurückstellt. Dabei entspricht die Dicke der Materialschicht, die in dieser Weise verformt wird, der Mindestspandicke, bei der gerade noch sicher ein Span abgehoben wird. Ihre Größe ist einerseits vom Abrundungsradius an der Schneidkante, andererseits vom Verformungsverhalten des Werkstoffes abhängig.

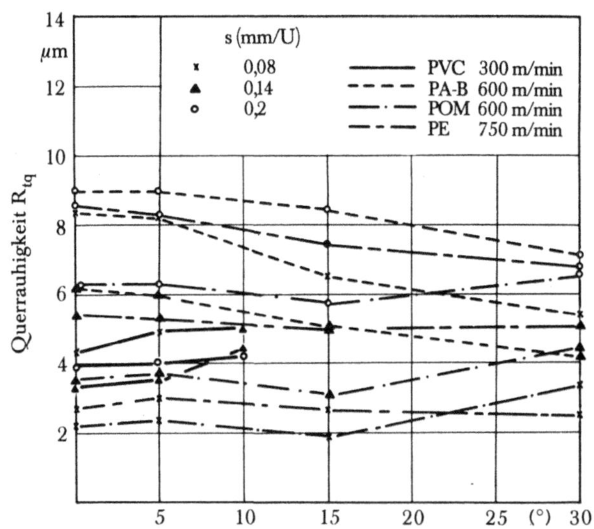

Abb. 19 Querrauhigkeit R_{tq} in Abhängigkeit vom Spanwinkel γ für die Werkstoffe PVC, PA-B, POM, PE bei verschiedenen Vorschüben
Schneidengeometrie: $10 - \gamma - 0 - 60 - 90 - 1{,}0$
$a = 2$ mm

Von den Werkzeugkenngrößen haben vor allem der Eckenradius r und der Spanwinkel γ Einfluß auf die Oberflächengüte.

Die Abb. 19 zeigt die Abhängigkeit der Querrauhigkeit vom Spanwinkel für die Werkstoffe PVC, PA-B, POM und PE jeweils für die Vorschübe $s = 0{,}08$, 0,14 und 0,2 mm/U. Die eingetragenen Meßwerte stellen den arithmetischen Mittelwert aus 7 Einzelmessungen dar. Die mittlere quadratische Abweichung der Einzelmessungen betrug bei PVC max. 0,12, bei PA max. 0,21, bei POM max. 0,18 und bei PE max. 0,19.

Mit wachsendem Spanwinkel ist bei PVC ein Anstieg der Rauhigkeitswerte festzustellen, während bei Polyamid die Rauhtiefe mit zunehmendem Spanwinkel abnimmt. Bei Polyoxymethylen wurden zwischen $\gamma = 0°$ und $\gamma = 15°$ praktisch gleiche minimale Rauhtiefen erzielt. Eine Vergrößerung des Spanwinkels auf $\gamma = 30°$ bewirkte ein Ansteigen der Rauhtiefenwerte. Für den Werkstoff Polyäthylen ergab sich keine Abhängigkeit der Rauhtiefe vom Spanwinkel γ.

Auf Grund der in Abb. 19 dargestellten Abhängigkeit $R_{tq} = f(\gamma)$ ergeben sich folgende günstige Spanwinkel:

Werkstoff	Spanwinkel γ
Polyvinylchlorid (PVC)	0°
Polyamid (PA-B)	30°
Polyoxymethylen (POM)	0–15°
Polyäthylen (PE)	0–30°

Der Einfluß des Eckenradius r auf die Oberflächenqualität wurde an Drehmeißeln mit einem Spanwinkel $\gamma = 0°$ und einem Neigungswinkel $\lambda = 0°$ für die Radien $r = 0{,}5$; 1,0; 2,0 und 3,0 mm untersucht. Die Ergebnisse sind in den Abb. 20–23 aufgezeichnet.

Hierin wurden die theoretischen Rauhigkeiten den gemessenen Rauhigkeitswerten gegenübergestellt und in Abhängigkeit vom Vorschub s aufgetragen. Die eingetragenen Meßwerte sind wiederum die arithmetischen Mittelwerte aus 7 Einzelmessungen. Die theoretische Querrauhigkeit ergibt parabelförmige Kurven, die mit größer werdendem Eckenradius flacher verlaufen. Ein Meißel mit einem Eckenradius von $r = 0{,}5$ mm führt gegenüber den übrigen Meißelradien für alle Werkstoffe und bei allen Arbeitsbedingungen zu relativ großen Oberflächenrauhigkeiten. Minimale Rauhigkeitswerte, wie sie mit Werkzeugen mit Eckenradien von $r = 1$–3 mm erreicht werden, sind mit $r = 0{,}5$ mm nicht zu erzielen. Die Kurven für Eckenradien von $r = 1$–3 mm zeigen bei allen Werkstoffen ein mehr oder weniger stark ausgeprägtes Minimum, wobei die Minimalwerte für die einzelnen Radien bei den jeweiligen Werkstoffen praktisch gleich sind. Mit Steigerung des Eckenradius vergrößert sich im allgemeinen der Vorschubbereich, in dem geringste absolute Rauhigkeitswerte erzielt werden.

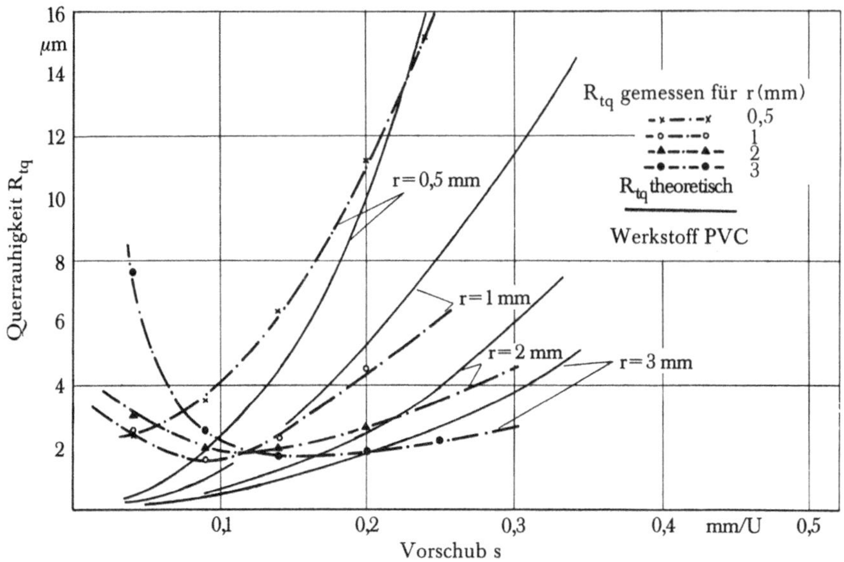

Abb. 20 Abhängigkeit der Querrauhigkeit R_{tq} vom Vorschub s für verschiedene Eckenradien
Schneidengeometrie: 10 – 0 – 0 – 60 – 90 – r
$a = 2$ mm; $v = 300$ m/min

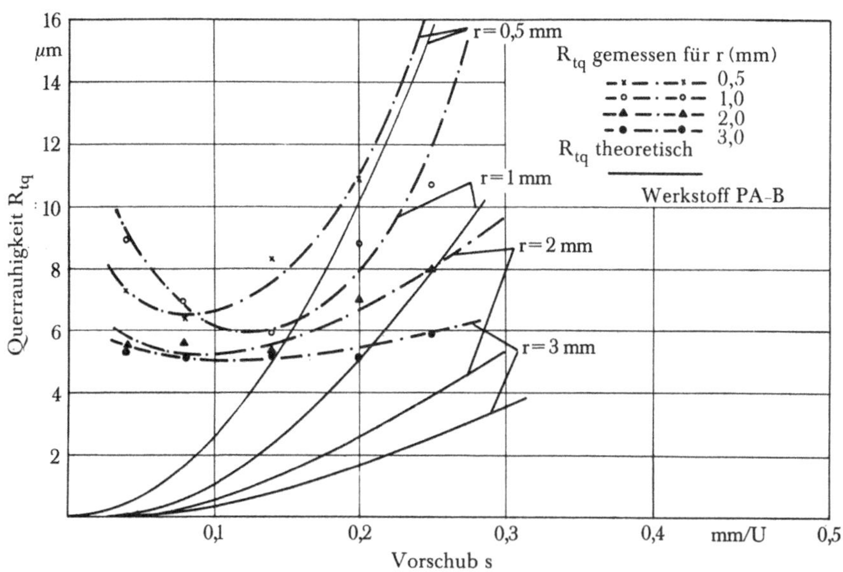

Abb. 21 Abhängigkeit der Querrauhigkeit R_{tq} vom Vorschub s für verschiedene Eckenradien
Schneidengeometrie: 10 – 0 – 0 – 60 – 90 – r
$a = 2$ mm; $v = 600$ m/min

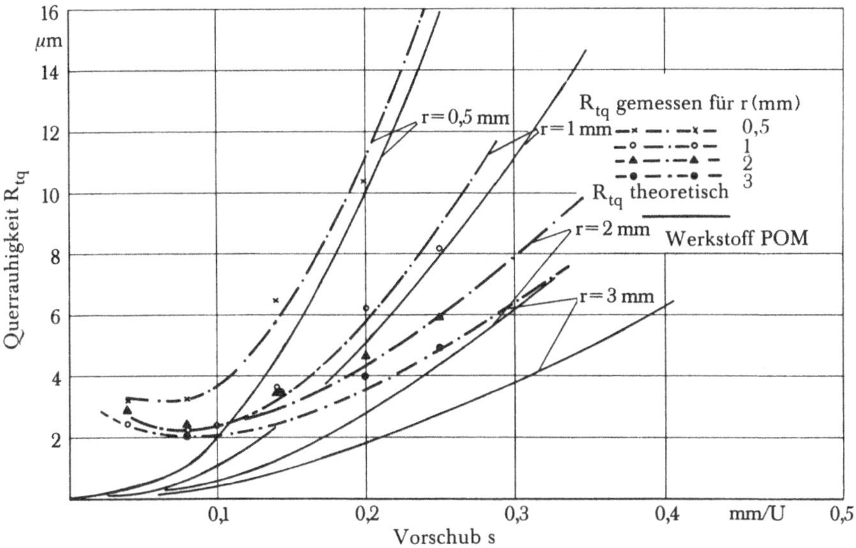

Abb. 22 Abhängigkeit der Querrauhigkeit R_{tq} vom Vorschub s für verschiedene Eckenradien
Schneidengeometrie: 10 – 0 – 0 – 60 – 90 – r
$a = 2$ mm; $v = 600$ m/min

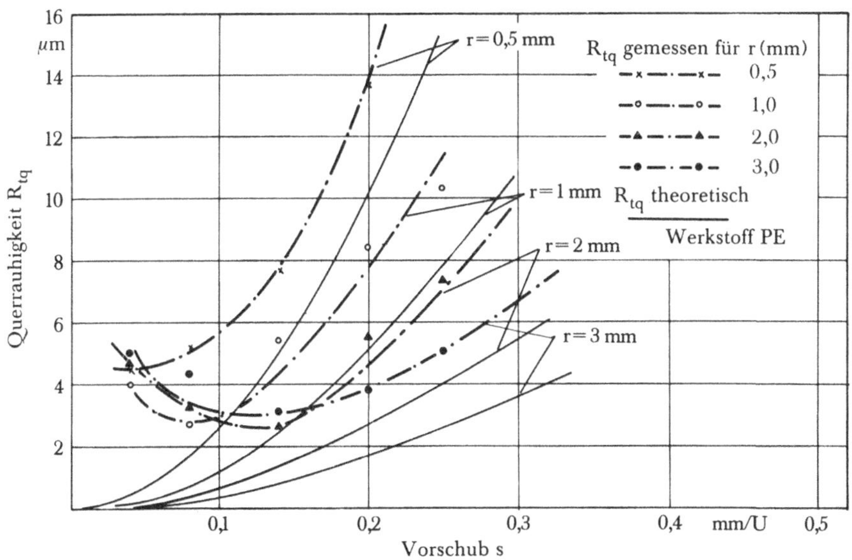

Abb. 23 Abhängigkeit der Querrauhigkeit R_{tq} vom Vorschub s für verschiedene Eckenradien
Schneidengeometrie: 10 – 0 – 0 – 60 – 90 – r
$a = 2$ mm; $v = 750$ m/min

0,5 mm

Abb. 24 Ausbrüche aus der Oberfläche eines gedrehten Werkstückes aus PVC

4.3 Bearbeitungsgrenzen

Bei sehr kleinen Vorschüben ($s < 0{,}08$ mm/U) zeigt sich der zusätzliche Einfluß der Temperaturabhängigkeit der Werkstoffeigenschaften auf die erzielbare Oberflächenqualität.

Thermoplastische Kunststoffe sind empfindlich gegen Überhitzung. Sie haben eine geringe Wärmeleitfähigkeit und ihre Eigenschaften sind stark abhängig von der Temperatur. Die beim Schneidvorgang erzeugte Wärme wird wegen der geringen Wärmeleitfähigkeit nur langsam abgeführt. Sie staut sich in einer relativ dünnen Oberflächenschicht des Werkstückes. Bei Vorschüben ab 0,08 mm/U erfaßt die Trennzone beim nächsten Umlauf Werkstoffschichten, die noch keine Temperaturerhöhung durch den vorhergegangenen Trennvorgang erfahren haben. Der Schneidvorgang wird nicht beeinflußt. Bei kleinen Vorschüben ($s < 0{,}08$) jedoch fällt die Trennzone in den Bereich der erwärmten Oberflächenschichten, die sich zäher verhalten, bei der Trennung verschmieren und somit zu größeren Rauhigkeiten führen.

Gefügeuntersuchungen an PA-B und POM, die in Abschnitt 5.3 beschrieben werden, zeigen, daß das Werkstück tatsächlich bis zu einer Tiefe von 0,03 bis 0,04 mm beeinflußt ist und offensichtlich durch den Zerspanungsvorgang eine Temperaturerhöhung und eine plastische Umformung erfahren hat.

Der Spanwinkel γ hat über den Spanbildungsvorgang und die Kraftangriffs- und Spannungsverhältnisse in der Spanbildungszone einerseits Einfluß auf die Querrauhigkeit, andererseits aber auch auf die oberen Bearbeitungsgrenzen, die sich in Form von Ausbrüchen aus der Werkstückoberfläche, wie sie in Abb. 24 am Beispiel PVC ersichtlich sind, abzeichnen.

Wie aus Abb. 25 ersichtlich, ist das Auftreten von Oberflächenausbrüchen wesentlich von den einstellbaren Schnittbedingungen Vorschub s und Schnittgeschwindigkeit v abhängig. Andererseits läßt die sehr unterschiedliche Lage der Bearbeitungsgrenzen für die verschiedenen Werkstoffe und die Tatsache, daß bei PE im gesamten Bereich der Arbeitsbedingungen keine Ausbrüche auftraten, sehr deutlich den Einfluß der Werkstoffeigenschaften auf diese Bearbeitungsgrenzen erkennen.

Nach den Untersuchungen von Oberbach [17] tritt bei hohen Verformungsgeschwindigkeiten eine Versprödung der Kunststoffe unter Abnahme der mög-

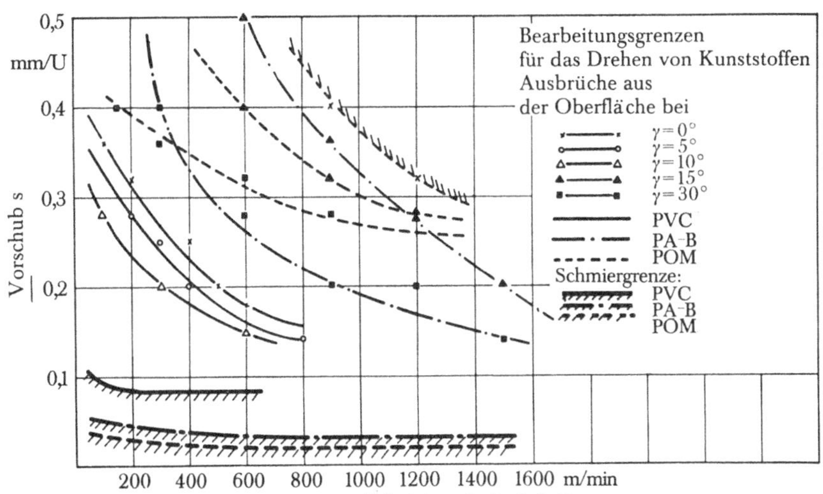

Abb. 25 Bearbeitungsgrenzen für das Drehen von PVC, PA-B und POM als Funktion von Vorschub s und Schnittgeschwindigkeit v für verschiedene Spanwinkel
Schneidengeometrie: $10 - \gamma - 0 - 60 - 90 - 1{,}0$
$a = 2$ mm

lichen Arbeitsaufnahme auf. Die Höhe der Verformungsgeschwindigkeit, bei der sich diese Versprödung zeigt, ist unterschiedlich. Sie dürfte für das Auftreten von Oberflächenausbrüchen bei der Zerspanung von wesentlichem Einfluß sein.
Spröde Werkstoffe wie PVC zeigen schon bei relativ niedrigen Schnittgeschwindigkeiten und Vorschüben Ausbrüche an der Oberfläche, während bei den zäheren Werkstoffen diese Erscheinungen erst bei Vorschüben von $s > 0{,}28$ mm/U auftreten.
Die Verschiebung der Ausbruchgrenzen nach Abb. 25 mit dem Spanwinkel γ ist auf die Veränderung des Angriffswinkels der resultierenden Schnittkraft zurückzuführen.

Aus den in den Abschnitten 4.1–4.3 beschriebenen Ergebnissen lassen sich folgende günstige Meißelabmessungen festlegen (Tab. 3):

Tab. 3 Optimale Werkzeugabmessungen für das Drehen von PVC, PA-B, POM und PE

Werkstoff	Frei-winkel α	Keil-winkel β	Span-winkel γ	Neigungs-winkel λ	Ecken-radius r
Polyvinylchlorid	10°	80°	0°	0°	1–3 mm
Polyamid	10°	50°	30°	0°	1–3 mm
Polyacetalharz	10°	65°	15°	0°	1–3 mm
Polyäthylen	10°	50°	30°	0°	1–3 mm

5. Ermittlung der günstigsten Arbeitsbedingungen

Die durchgeführten Untersuchungen über die auftretenden Schnittkräfte erfassen neben der Schneidengeometrie die Einflüsse der einstellbaren, maschinenbedingten Größen Schnittgeschwindigkeit, Vorschub und Schnittiefe. Die Oberflächenqualität wird nur von der Schnittgeschwindigkeit und dem Vorschub beeinflußt. Das gleiche gilt für Einflüsse auf die Oberflächenschicht des bearbeiteten Werkstückes, die in Gefügeuntersuchungen an den teilkristallinen Werkstoffen Polyamid und Polyacetalharz untersucht wurden. Ein Einfluß der Schnittiefe a tritt nur bei kleinen Verhältnissen a/r auf und wurde hier nicht berücksichtigt.
Bei den Schnittkraftuntersuchungen konnten gleichzeitig die oberen und unteren Bearbeitungsgrenzen der möglichen Zerspanungsbedingungen festgestellt werden, die sich einerseits in Oberflächenausbrüchen, andererseits in verschmierten Oberflächen zeigen. Diese Bearbeitungsgrenzen sind in den Diagrammen über die Abhängigkeit der Schnittkraft bzw. der Oberflächengüte von den Größen Schnittgeschwindigkeit und Vorschub eingezeichnet. Die im folgenden beschriebenen Abhängigkeiten der Schnittkraft und der Oberflächengüte von den verschiedenen Arbeitsbedingungen wurden jeweils für die in Abschnitt 4 festgelegte Schneidengeometrie ausgewertet. Der Eckenradius betrug jeweils 1 mm.

5.1 Schnittkraftmessungen

Am Beispiel PVC ist die Abhängigkeit der drei Schnittkraftkomponenten der Hauptschnittkraft P_H, der Vorschubkraft P_V und der Rückkraft P_R vom Vorschub s in Abb. 26 und von der Schnittgeschwindigkeit v in Abb. 27 für den Spanwinkel $\gamma = 0°$, aufgezeichnet.
Danach zeigt lediglich die Hauptschnittkraft P_H eine Abhängigkeit vom Vorschub s, während die Vorschubkraft P_V und die Rückkraft P_R nur sehr geringfügig mit dem Vorschub zunehmen. Der Einfluß der Schnittgeschwindigkeit auf die Hauptschnittkraft P_H ist gegenüber dem Vorschub-Einfluß gering. Vorschubkraft P_V und Rückkraft P_R sind von der Schnittgeschwindigkeit unabhängig.
Gegenüber der Hauptschnittkraft sind Vorschub- und Rückkraft vernachlässigbar klein. Dabei sind Vorschub- und Rückkraft bei $r = 1$ mm von der gleichen Größenordnung. Für die Werkstoffe Polyamid (PA-B), Polyacetalharz (POM) und Polyäthylen (PE) sind die Abhängigkeiten der Hauptschnittkraft und der Vorschubkraft vom Vorschub s in den Abb. 28, 30 und 32 dargestellt und ihre Abhängigkeit von der Schnittgeschwindigkeit v ist für den Vorschub $s = 0{,}14$ mm/U in den Abb. 29, 31 und 33 dargestellt. In diesen Diagrammen ist der Spanwinkel γ als zusätzlicher Parameter eingeführt.

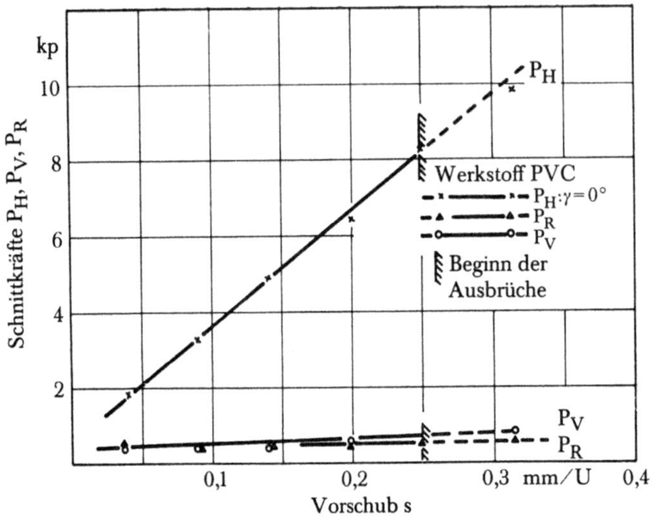

Abb. 26 Abhängigkeit der Schnittkraftkomponenten vom Vorschub s bei PVC
Schneidengeometrie: 10 – 0 – 0 – 60 – 90 – 1,0
$a = 2$ mm; $v = 300$ m/min

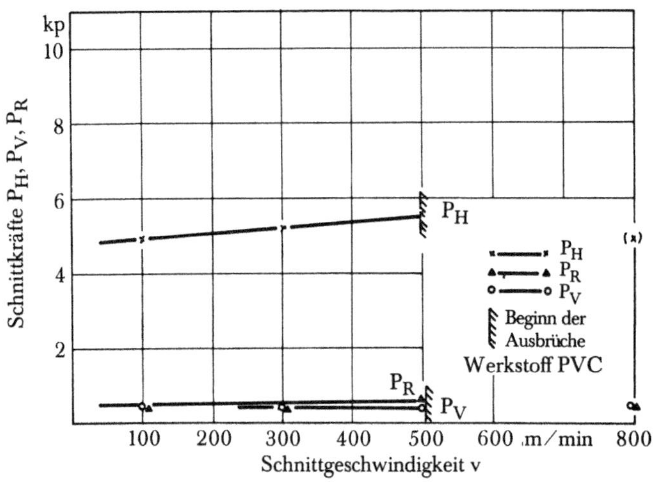

Abb. 27 Abhängigkeit der Schnittkraftkomponenten
von der Schnittgeschwindigkeit bei PVC
Schneidengeometrie: 10 – 0 – 0 – 60 – 90 – 1,0
$a = 2$ mm; $s = 0{,}14$ mm/U

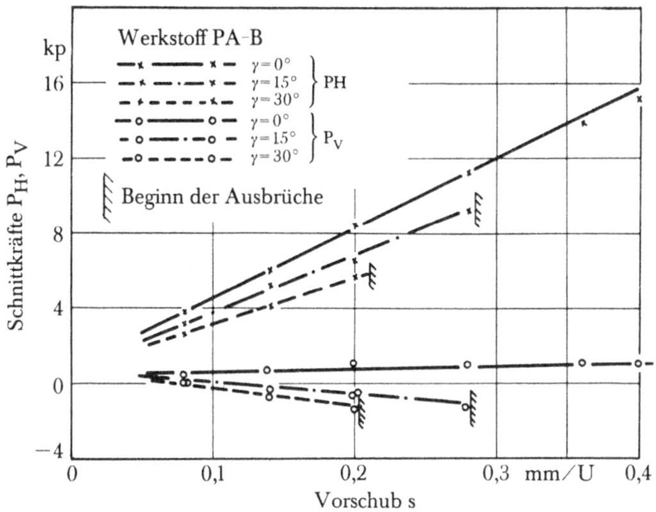

Abb. 28 Abhängigkeit der Hauptschnittkraft und der Vorschubkraft vom Vorschub *s* bei PA-B
Schneidengeometrie: 10 – γ – 0 – 60 – 90 – 1,0
$a = 2$ mm; $v = 900$ m/min

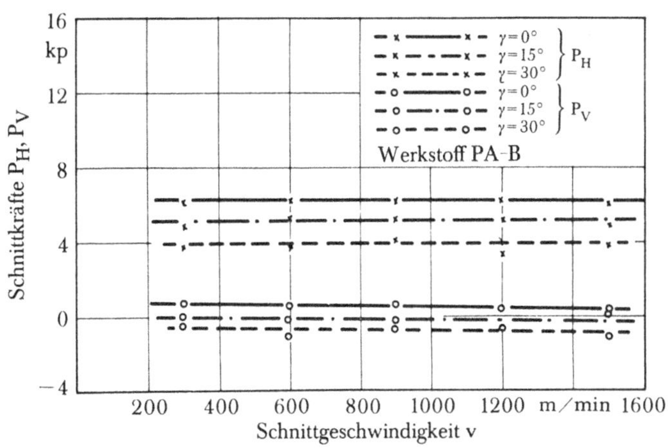

Abb. 29 Abhängigkeit der Hauptschnittkraft und der Vorschubkraft von der Schnittgeschwindigkeit *v* bei PA-B
Schneidengeometrie: 10 – γ – 0 – 60 – 90 – 1,0
$a = 2$ mm; $s = 0,14$ mm/U

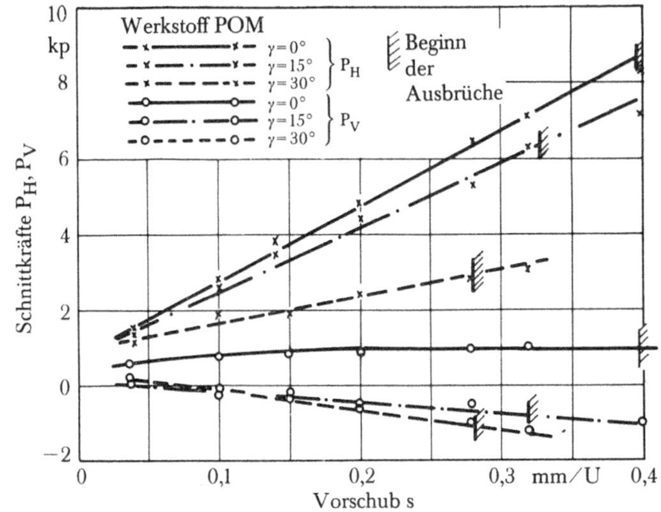

Abb. 30 Abhängigkeit der Hauptschnittkraft und der Vorschubkraft vom Vorschub s bei POM
Schneidengeometrie: $10 - \gamma - 0 - 60 - 90 - 1{,}0$
$a = 2$ mm; $v = 600$ m/min

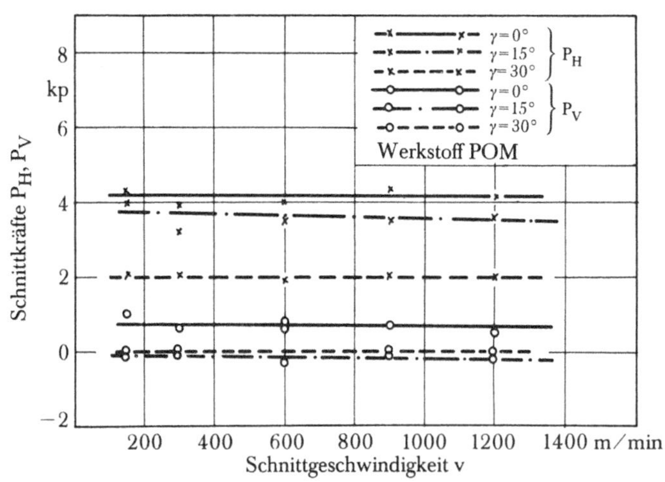

Abb. 31 Abhängigkeit der Hauptschnittkraft und der Vorschubkraft von der Schnittgeschwindigkeit v bei POM
Schneidengeometrie: $10 - \gamma - 0 - 60 - 90 - 1{,}0$
$a = 2$ mm; $s = 0{,}14$ mm/U

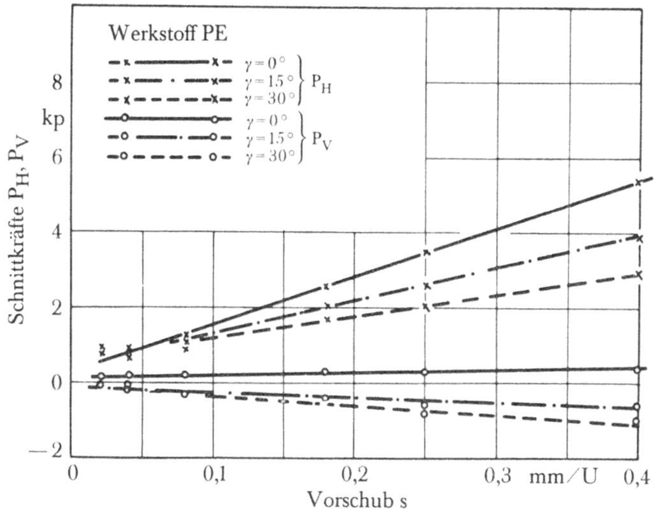

Abb. 32 Abhängigkeit der Hauptschnittkraft und Vorschubkraft vom Vorschub *s* bei PE
Schneidengeometrie: 10 – γ – 0 – 60 – 90 – 1,0
$a = 2$ mm; $v = 900$ m/min

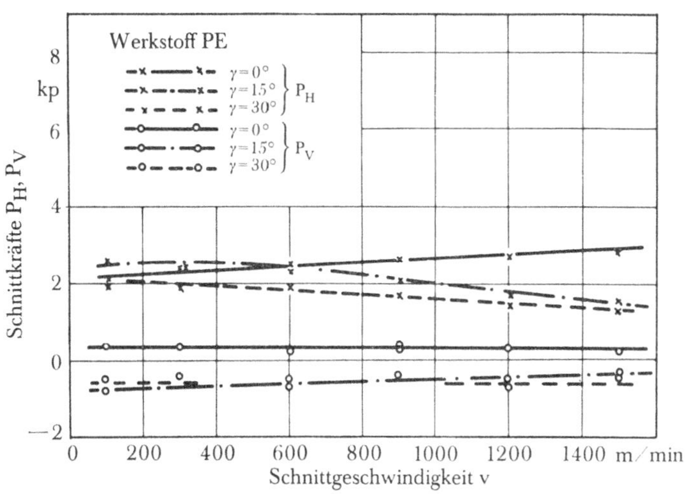

Abb. 33 Abhängigkeit der Hauptschnittkraft und der Vorschubkraft von der Schnittgeschwindigkeit *v* bei PE
Schneidengeometrie: 10 – γ – 0 – 60 – 90 – 1,0
$a = 2$ mm; $s = 0{,}14$ mm/U

Auch bei diesen Werkstoffen ist nur der Vorschub von Einfluß auf die gemessenen Schnittkraftwerte. Die Vorschubkraft ist ebenfalls klein gegenüber der Hauptschnittkraft. Die Steigerung der Hauptschnittkraft mit wachsendem Vorschub verringert sich bei Vergrößerung des Spanwinkels γ. Bei Spanwinkeln von $\gamma = 15°$ und $\gamma = 30°$ geht die Vorschubkraft gegen Null oder wird geringfügig negativ.

In allen Fällen betragen die Hauptschnittkraftwerte ein Vielfaches der anderen Schnittkraftkomponenten. Für die in Abschnitt 4 festgelegten optimalen Spanwinkel ist das Verhältnis der Absolutwerte von Hauptschnittkraft gegenüber der Vorschub- und Rückkraft bei mittleren Vorschüben um $s = 0{,}14$ mm/U für PVC etwa 10:1, bei PA-B etwa 6:1, bei POM etwa 12:1 und bei PE etwa 4:1.

Für die weiteren Untersuchungen über den Einfluß der Schnittgeschwindigkeit, des Vorschubs und der Schnittiefe a ist die Untersuchung der Hauptschnittkraftwerte ausreichend.

In den Abb. 26–33 wurde jeweils nur eine Schnittgeschwindigkeit bzw. ein Vorschub erfaßt. Die folgenden Diagramme (Abb. 34–37) zeigen die Abhängigkeit der Hauptschnittkraft vom Vorschub und von der Schnittgeschwindigkeit im gesamten Bereich der untersuchten Arbeitsbedingungen für jeweils optimale Spanwinkel. In diesen Abbildungen sind gleichzeitig die oberen und unteren Bearbeitungsgrenzen eingetragen.

Im untersuchten Schnittgeschwindigkeitsbereich von $v = 100$ m/min bis $v = 1000$ m/min für PVC sowie bis $v = 1200$ m/min für POM und bis $v = 1500$ m/min für PA-B und PE nimmt die Hauptschnittkraft mit wachsender Schnittgeschwindigkeit v linear zu. Dabei wird mit steigendem Vorschub der Anstieg der Geraden größer. Der Bereich der möglichen Vorschübe, bei denen keine Oberflächenschädigung eintritt, wird erwartungsgemäß mit steigender Schnittgeschwindigkeit enger.

Die größte Empfindlichkeit gegen Oberflächenausbrüche und Verschmieren zeigt Polyvinylchlorid, das praktisch nur bei Schnittgeschwindigkeiten bis etwa 900 m/min wirtschaftlich und werkstoffgerecht bearbeitet werden kann. Bei diesen hohen Schnittgeschwindigkeiten ist der mögliche Vorschubbereich praktisch auf $s = 0{,}12$–$0{,}14$ mm/U begrenzt. Gegenüber anderen untersuchten Thermoplasten liegt für PVC die untere Bearbeitungsgrenze bei höheren Schnittgeschwindigkeiten mit $s = 0{,}1$ mm/U bei höheren Vorschüben. Hier wirkt sich die niedrigere Erweichungstemperatur und der Einfluß der thermischen Eigenschaften von PVC gegenüber den teilkristallinen Werkstoffen aus.

Bei Polyamid liegt die obere Bearbeitungsgrenze bei etwas höheren Vorschüben. Die Schnittgeschwindigkeitsgrenze wird etwa bei $v = 1400$ m/min für einen Vorschub von 0,14 mm/U erreicht. Da Polyamid eine wesentlich höhere Erweichungstemperatur aufweist, tritt ein Verschmieren der Oberflächen erst bei sehr kleinen Vorschüben unterhalb $s = 0{,}04$ mm/U auf.

Gegenüber den beiden vorher genannten Werkstoffen weist Polyacetalharz (POM) einen noch größeren Arbeitsbereich auf. Die obere Bearbeitungsgrenze verläuft flacher und liegt bei noch höheren Vorschüben. Vorschübe bis zu $s = 0{,}25$ mm/U können bis zu den höchsten untersuchten Schnittgeschwindig-

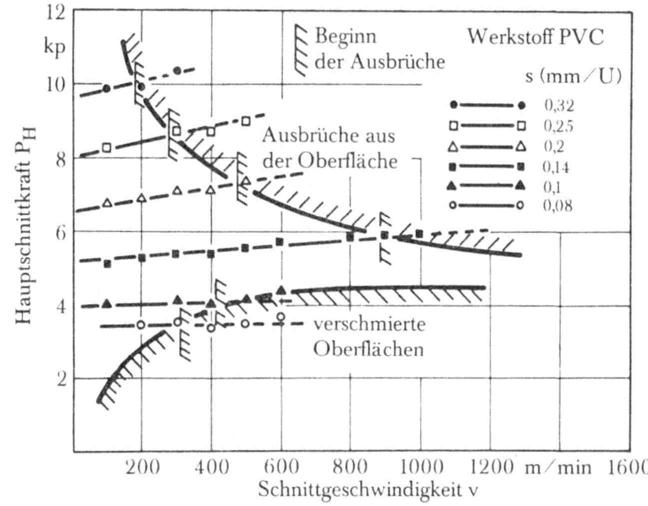

Abb. 34 Hauptschnittkraft in Abhängigkeit von der Schnittgeschwindigkeit *v* (Parameter *s*) für PVC
Schneidengeometrie: 10 – 0 – 0 – 60 – 90 – 1,0
$a = 2$ mm

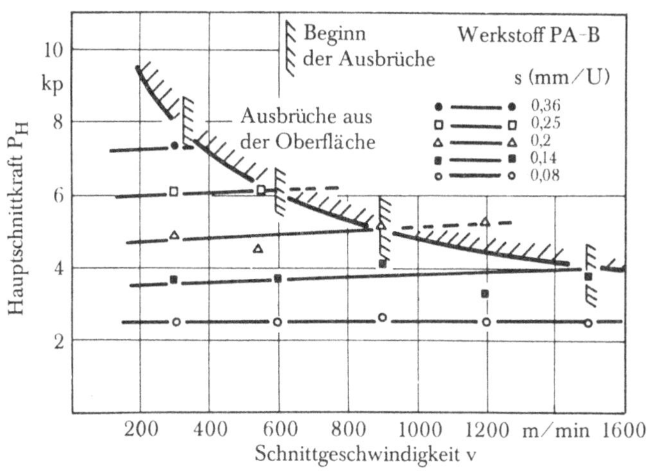

Abb. 35 Hauptschnittkraft in Abhängigkeit von der Schnittgeschwindigkeit *v* (Parameter *s*) für PA-B
Schneidengeometrie: 10 – 30 – 0 – 60 – 90 – 1,0
$a = 2$ mm

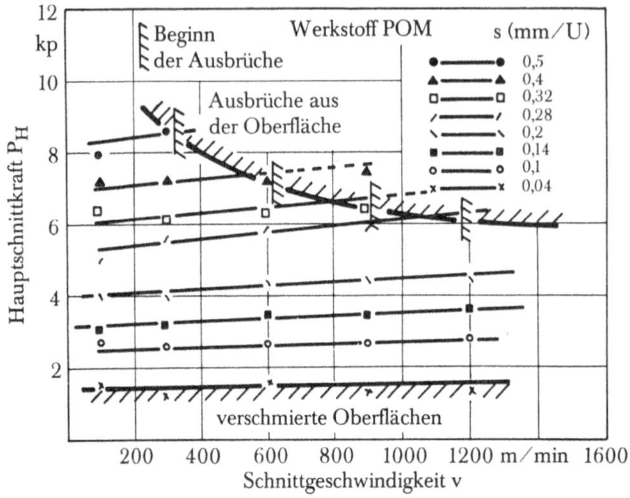

Abb. 36 Hauptschnittkraft in Abhängigkeit von der Schnittgeschwindigkeit v (Parameter s) für POM
Schneidengeometrie: 10 – 15 – 0 – 60 – 90 – 1,0
$a = 2$ mm

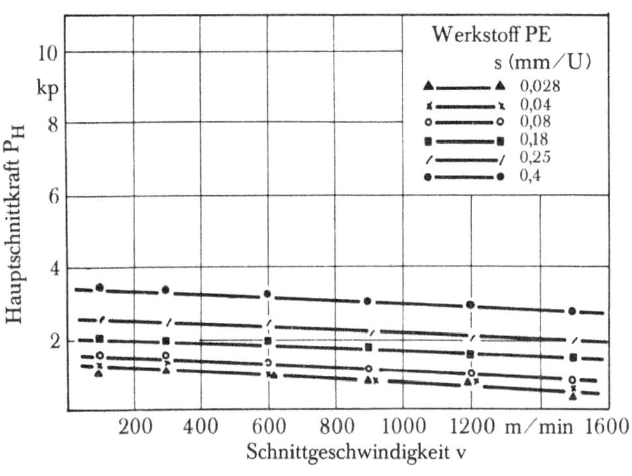

Abb. 37 Hauptschnittkraft in Abhängigkeit von der Schnittgeschwindigkeit v (Parameter s) für PE
Schneidengeometrie: 10 – 30 – 0 – 60 – 90 – 1,0
$a = 2$ mm

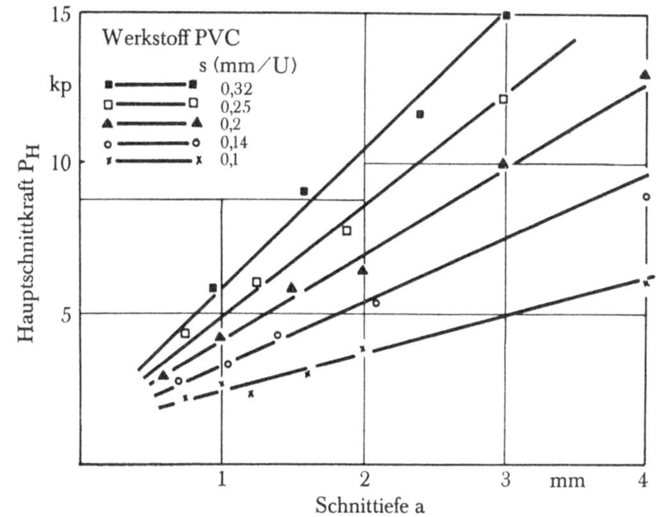

Abb. 38 Hauptschnittkraft P_H als Funktion der Schnittiefe a für PVC
Schneidengeometrie: 10 – 0 – 0 – 60 – 90 – 1,0
$v = 300$ m/min

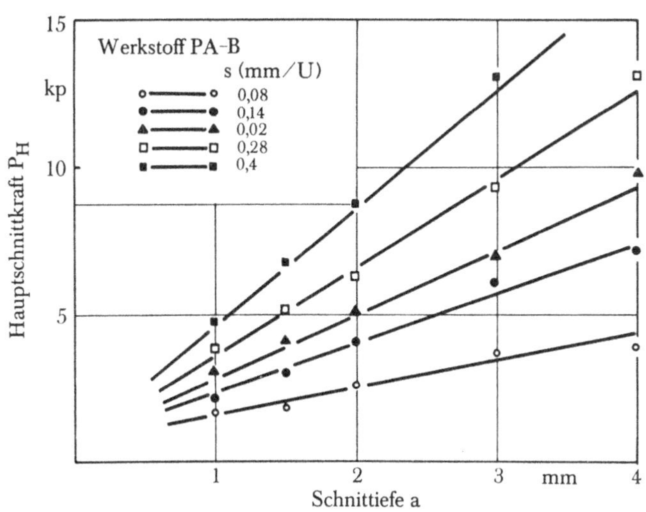

Abb. 39 Hauptschnittkraft P_H als Funktion der Schnittiefe a für PA-B
Schneidengeometrie: 10 – 30 – 0 – 60 – 90 – 1,0
$v = 900$ m/min

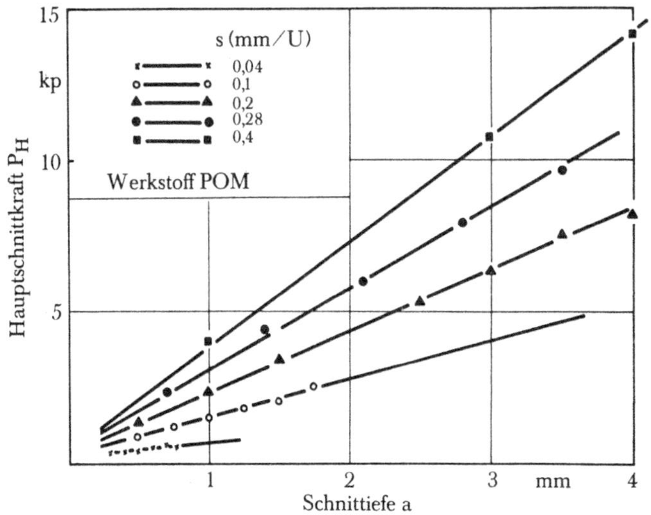

Abb. 40 Hauptschnittkraft P_H als Funktion der Schnittiefe a für POM
Schneidengeometrie: 10 – 15 – 0 – 60 – 90 – 1,0
$v = 600$ m/min

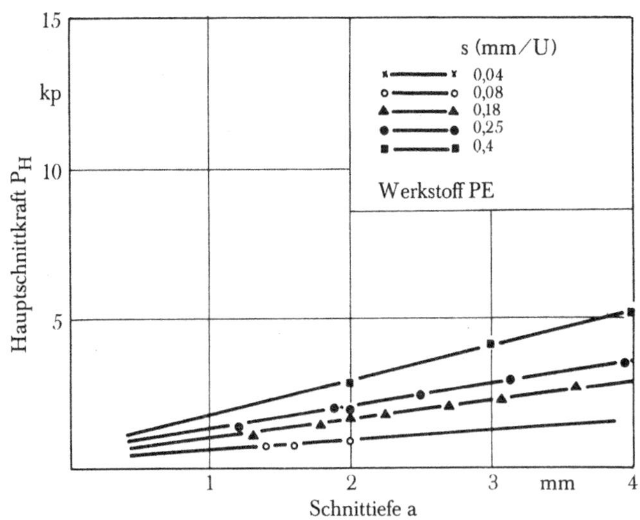

Abb. 41 Hauptschnittkraft P_H als Funktion der Schnittiefe a für PE
Schneidengeometrie: 10 – 30 – 0 – 60 – 90 – 1,0
$v = 900$ m/min

keiten ohne Schädigung der Werkstückoberfläche ausgenutzt werden. Auch bei Polyacetalharz liegt die untere Grenze der Bearbeitungsmöglichkeit bei Vorschüben unterhalb 0,04 mm/U.
Im Gegensatz zu Polyvinylchlorid, Polyamid und Polyacetalharz zeigt Polyäthylen einen leichten Abfall der Hauptschnittkraft mit steigender Schnittgeschwindigkeit.
Der Anstieg der Hauptschnittkraft bei Polyvinylchlorid, Polyamid und Polyacetalharz ist durch die intensivere Steigerung der Festigkeit mit wachsender Verformungsgeschwindigkeit im Bereich $v_D = 10^3$–10^4%/sec zurückzuführen (vgl. Abb. 65 nach Oberbach). Diese Festigkeitssteigerung tritt dagegen bei Polyäthylen vermutlich erst bei noch größeren Verformungsgeschwindigkeiten auf.
Die Neigung der Schnittkraft-Geraden ist bei allen Vorschüben praktisch gleich. Bearbeitungsgrenzen in Form von Oberflächenausbrüchen oder verschmierten Oberflächen wurden bei Polyäthylen (PE) nicht festgestellt.
Der Einfluß der Schnittgeschwindigkeit auf die Hauptschnittkraft ist bei allen Werkstoffen sehr gering. Ihre Zu- oder Abnahme beträgt bei Verdoppelung der Schnittgeschwindigkeit im Mittel nur etwa 5–10%.
Der Einfluß der Schnittiefe *a* auf die Hauptschnittkraft ist in den Abb. 38–41 für jeweils optimale Werkzeugwinkel wiedergegeben.
Als Parameter ist wiederum der Vorschub *s* gewählt. Mit wachsender Schnittiefe *a* nimmt die Hauptschnittkraft geradlinig zu. Je größer der Vorschub *s*, desto größer ist die Steigung der Schnittkraftgeraden über der Schnittiefe. Den größten Einfluß auf die Hauptschnittkraft haben der Vorschub *s* und die Schnittiefe *a*. Im untersuchten Bereich zwischen 0,04 und 0,4 mm/U für den Vorschub und 0,5–4 mm für die Schnittiefe steigt bei Verdoppelung dieser Größen die Hauptschnittkraft im Mittel zwischen 60 und 90%.

5.2 Einfluß der Arbeitsbedingungen auf die Oberflächengüte

Für die in Abschnitt 4 ermittelte günstigste Schneidengeometrie wurden die erreichbaren Oberflächenrauhigkeiten unter Variation der Schnittgeschwindigkeit und des Vorschubes bestimmt.
Da PVC bei Schnittgeschwindigkeiten über 500 m/min praktisch im gesamten Vorschubbereich Oberflächenausbrüche zeigte, wurden die Rauhtiefen für diesen Werkstoff im Schnittgeschwindigkeitsbereich von 100 bis 500 m/min bei Vorschüben zwischen 0,04 und 0,4 mm/U untersucht. Bei den anderen untersuchten Werkstoffen wurde die Schnittgeschwindigkeit bis zu 1200 bzw. 1500 m/min gesteigert.
Wie in Abschnitt 4.2 bereits dargestellt, hat der Vorschub den größten Einfluß auf die Querrauhigkeit des bearbeiteten Werkstückes, da er in seinem geometrischen Zusammenhang mit dem Eckenradius durch den Überdeckungsgrad die geringst mögliche Rauhtiefe bestimmt. Die Schnittgeschwindigkeit dagegen beeinflußt die Querrauhigkeit nur relativ wenig. Je nach dem untersuchten Werk-

stoff ergeben sich in Abhängigkeit von der Schnittgeschwindigkeit Rauhtiefenunterschiede zwischen 1 und 3 μm. Die geringste Abhängigkeit zeigen PA-B und POM; bei PE ist der Einfluß am größten.
Im folgenden werden die Versuchsergebnisse für die einzelnen Versuchswerkstoffe näher diskutiert.

Polyvinylchlorid (PVC)

Die beiden PVC-Typen zeigten bei den Oberflächenuntersuchungen praktisch gleiches Verhalten. Die Ergebnisse weichen nur sehr geringfügig voneinander ab, so daß sie in dieser Betrachtung zusammengefaßt werden können. Sie zeigten bei allen untersuchten Spanwinkeln im gesamten Schnittgeschwindigkeitsbereich bei kleinen Vorschüben zwischen 0,04 und 0,12 mm/U zunächst verbrannte und dann verschmierte Oberflächen. Im folgenden Vorschubbereich ab $s = 0{,}14$ mm/U wurden sauber geschnittene Oberflächen erzielt. Bei Überschreiten bestimmter Schnittgeschwindigkeiten stellten sich Ausbrüche an der Oberfläche ein.
In Abb. 42 sind die Einflüsse von Vorschub und Schnittgeschwindigkeit auf die Querrauhigkeit bei PVC für den Meißel mit optimalem Spanwinkel $\gamma = 0°$ zusammengefaßt dargestellt.
Mit diesem Versuchsmeißel wurden im Schnittgeschwindigkeitsbereich zwischen 200 und 500 m/min Querrauhigkeiten um 3 μm erzielt. Die entsprechenden Vorschübe liegen zwischen 0,14 und 0,18 mm/U. Bei niederen und höheren Schnittgeschwindigkeiten wird der Vorschubbereich, in dem diese geringen Rauhtiefen erzielt werden, enger.
Die Zusammenhänge werden besonders deutlich, wenn man in einem Schaubild mit den Koordinaten Schnittgeschwindigkeit und Vorschub zu den einzelnen Arbeitsbedingungen die Querrauhigkeit der Oberfläche einträgt und Punkte gleicher Oberflächengüte verbindet. Eine solche Darstellung findet sich in Abb. 43 für PVC.
Diesen Arbeitsdiagrammen können die Schnittbedingungen entnommen werden, die zur Erzielung bestimmter Oberflächengüten zu wählen sind. Wenn auch für einzelne Arbeitsbedingungen Querrauhigkeiten unter 3 μm gemessen wurden, ist in diesem Arbeitsdiagramm auf eine Kennzeichnung dieser nur sehr engen Grenzen verzichtet worden. Es kann aber angenommen werden, daß im schraffierten Bereich des Schaubildes Querrauhigkeiten von höchstens 3 μm erreicht werden.
Als günstigste Arbeitsbedingungen ergeben sich Schnittgeschwindigkeiten zwischen 300 und 500 m/min und Vorschübe zwischen 0,14 und 0,18 mm/U.

Polyamid (PA-B)

Die Ergebnisse von Oberflächenuntersuchungen an Polyamid (PA-B) sind für den optimalen Spanwinkel $\gamma = 30°$ in den Abb. 44 und 45 dargestellt.
Auch bei Polyamid ist nur ein ganz geringer Einfluß der Schnittgeschwindigkeit auf die Oberflächengüte gegeben. Wegen seiner größeren Zähigkeit sowie der hohen Kristallitschmelztemperatur können bei Polyamid wesentlich höhere Schnittgeschwindigkeiten als bei PVC angesetzt werden. Aus dem gleichen Grund liegt die Grenze der Bearbeitungsmöglichkeit hinsichtlich auftretender Ober-

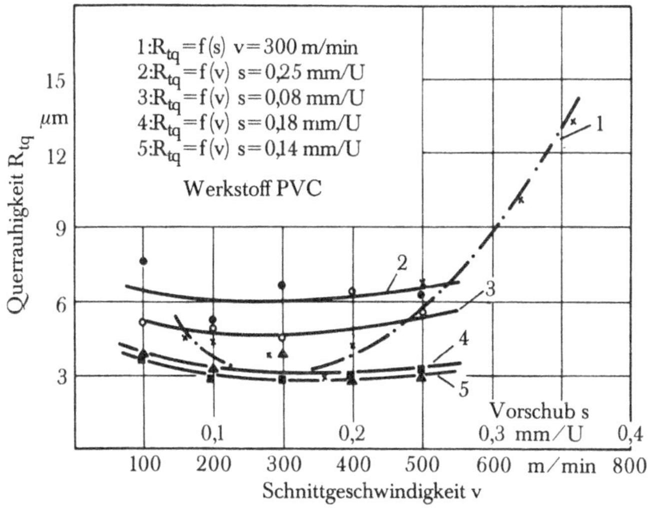

Abb. 42 Abhängigkeit der Querrauhigkeit von Schnittgeschwindigkeit und Vorschub für PVC
Schneidengeometrie: 10 – 0 – 0 – 60 – 90 – 1,0
$a = 2$ mm

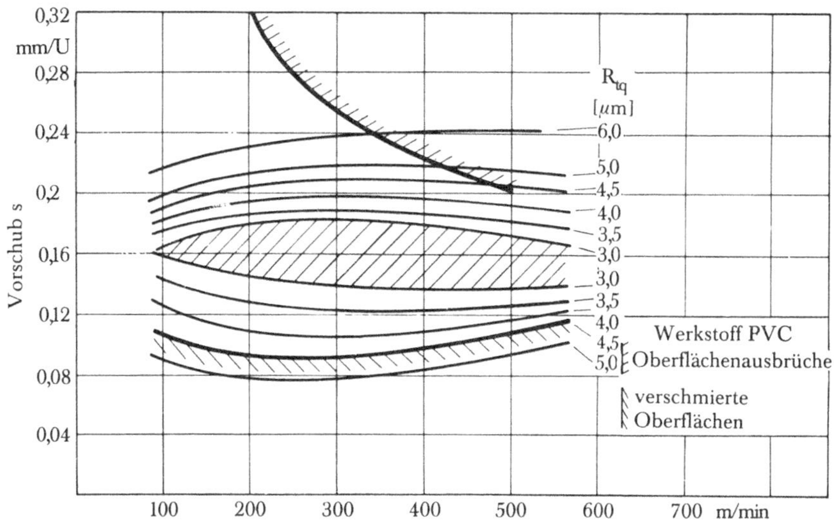

Abb. 43 Schaubild zur Ermittlung der Schnittbedingungen für bestimmte Oberflächengüten bei der Bearbeitung von PVC
Schneidengeometrie: 10 – 0 – 0 – 60 – 90 – 1,0
$a = 2$ mm

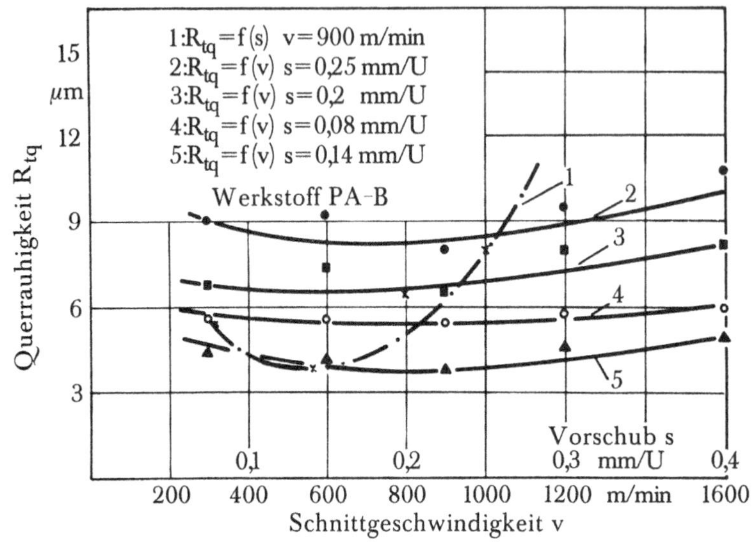

Abb. 44 Abhängigkeit der Querrauhigkeit von Schnittgeschwindigkeit und Vorschub für PA-B
Schneidengeometrie: 10 – 30 – 0 – 60 – 90 – 1,0
$a = 2$ mm

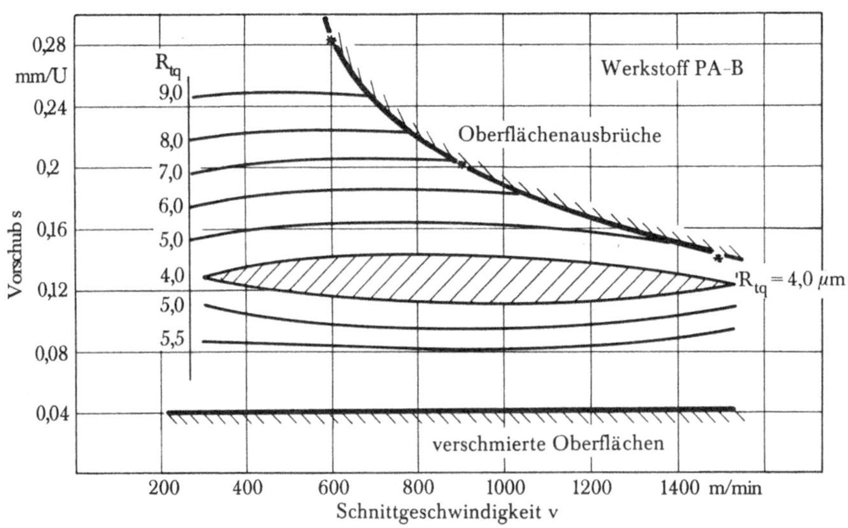

Abb. 45 Schaubild zur Ermittlung der Schnittbedingungen für bestimmte Oberflächengüten bei der Bearbeitung von PA-B
Schneidengeometrie: 10 – 30 – 0 – 60 – 90 – 1,0
$a = 2$ mm

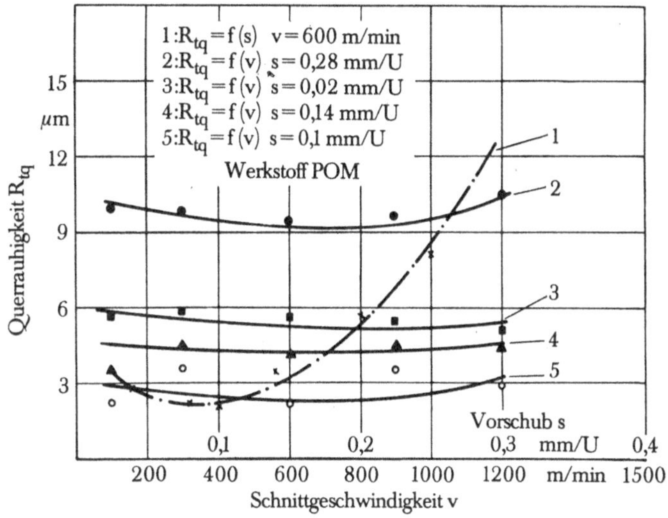

Abb. 46 Abhängigkeit der Querrauhigkeit von Schnittgeschwindigkeit und Vorschub für POM
Schneidengeometrie: 10 – 15 – 0 – 60 – 90 – 1,0
$a = 2$ mm

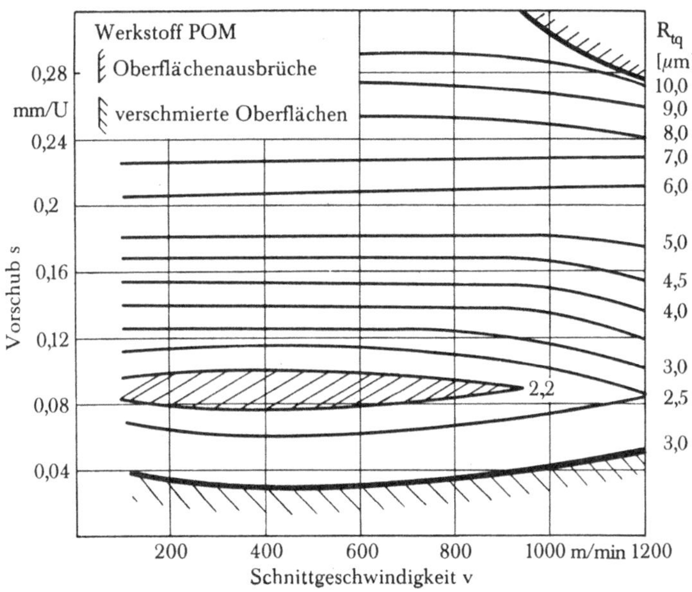

Abb. 47 Schaubild zur Ermittlung der Schnittbedingungen für bestimmte Oberflächengüten bei der Bearbeitung von POM
Schneidengeometrie: 10 – 15 – 0 – 60 – 90 – 1,0
$a = 2$ mm

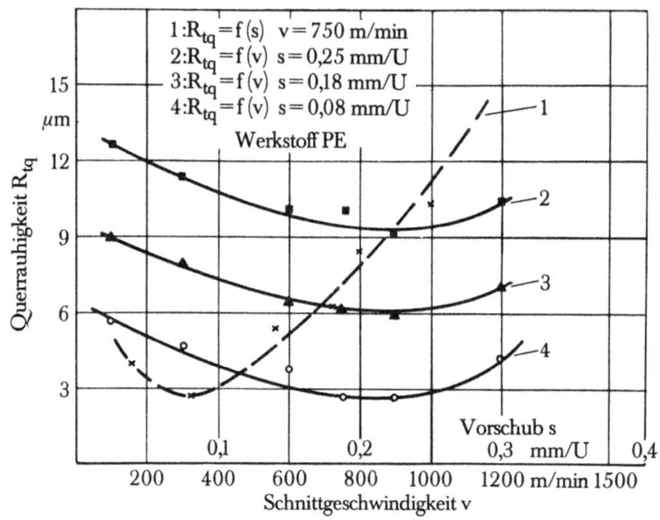

Abb. 48 Abhängigkeit der Querrauhigkeit von Schnittgeschwindigkeit und Vorschub für PE
Schneidengeometrie: 10 – 30 – 0 – 60 – 90 – 1,0
$a = 2$ mm

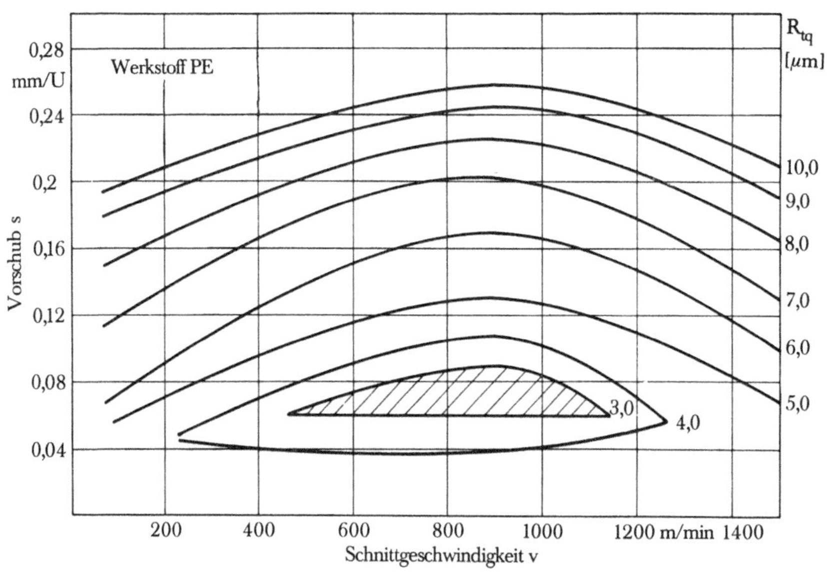

Abb. 49 Schaubild zur Ermittlung der Arbeitsbedingungen für bestimmte Oberflächengüten bei der Bearbeitung von PE
Schneidengeometrie: 10 – 30 – 0 – 60 – 90 – 1,0
$a = 2$ mm

flächenausbrüche bei höheren Schnittgeschwindigkeiten und Vorschüben. Infolge geringerer Temperaturempfindlichkeit tritt ein Verschmieren der Oberflächen, was sich auch in einem Wiederansteigen der Rauhigkeitswerte ausdrückt, mit $s = 0{,}04$ mm/U bei wesentlich niedrigeren Vorschüben als bei PVC ein.
Die geringsten erzielten Oberflächenrauhigkeiten liegen bei 4 µm. Als günstigste Arbeitsbedingungen ergeben sich Schnittgeschwindigkeiten zwischen 300 und 1000 m/min bei Vorschüben zwischen 0,12 und 0,14 mm/U. Der günstigste Vorschubbereich ist bei Schnittgeschwindigkeiten um 900 m/min am breitesten. Zumal bei einzelnen Arbeitsbedingungen Rauhtiefen unter 4 µm gemessen wurden, dürfte der eingetragene Grenzwert mit 4 µm Rauhtiefe in jedem Falle erreicht werden.

Polyacetalharz (POM)

Die Abb. 46 und 47 zeigen die Versuchsergebnisse aus Oberflächenuntersuchungen an Polyacetalharz (POM) mit dem optimalen Spanwinkel $\gamma = 15°$.
Die geringsten Oberflächenrauhigkeiten wurden mit Vorschüben zwischen 0,05 und 0,1 mm/U erzielt. Ein Einfluß der Schnittgeschwindigkeit auf die Oberflächengüte zeichnet sich lediglich bei großen Geschwindigkeitswerten mit $v > 900$ m/min ab. Gegenüber PA-B und PVC zeigt POM in einem wesentlich größeren Arbeitsbereich saubere Schnitte. Ausbrüche aus der Oberfläche treten erst bei Schnittgeschwindigkeiten über $v = 900$ m/min bei Vorschüben von $s > 0{,}28$ mm/U auf. Andererseits wurde ein Verschmieren der Oberflächen erst bei sehr kleinen Vorschüben unter $s = 0{,}05$ mm/U festgestellt. Die geringsten Rauhtiefen mit 2–2,5 µm wurden bei Schnittgeschwindigkeiten zwischen 100 und 600 m/min mit Vorschüben zwischen $s = 0{,}08$ und 0,1 mm/U erzielt. Mit steigender Schnittgeschwindigkeit über 600 m/min wird der mögliche Vorschubbereich enger.

Polyäthylen (PE)

Polyäthylen erwies sich als besonders gut bearbeitbar, da im gesamten untersuchten Arbeitsbereich bis $v = 1500$ m/min auch für den Spanwinkel $\gamma = 30°$ keine Oberflächenausbrüche festgestellt wurden.
Wie aus den Abb. 48 und 49 ersichtlich, ist bei diesem Werkstoff der Einfluß der Schnittgeschwindigkeit auf die Oberflächengüte stärker ausgeprägt als bei den übrigen Versuchswerkstoffen.
Für den günstigsten Spanwinkel $\gamma = 30°$ liegen die optimalen Arbeitsbedingungen bei Schnittgeschwindigkeiten zwischen 700 und 1000 m/min mit Vorschüben zwischen 0,06 und 0,1 mm/U. Bei diesen Arbeitsbedingungen wurden Rauhtiefen mit $R_{tq} = 3$ µm erreicht.

5.3 Einfluß der Arbeitsbedingungen auf die Werkstückaußenschicht

Bei der Beschreibung der teilkristallinen thermoplastischen Kunststoffe wurde darauf hingewiesen, daß diese Werkstoffe bei der Erstarrung aus der Schmelze eine Sphärolit-Struktur bilden. Die Größe und Regelmäßigkeit dieser Sphärolite

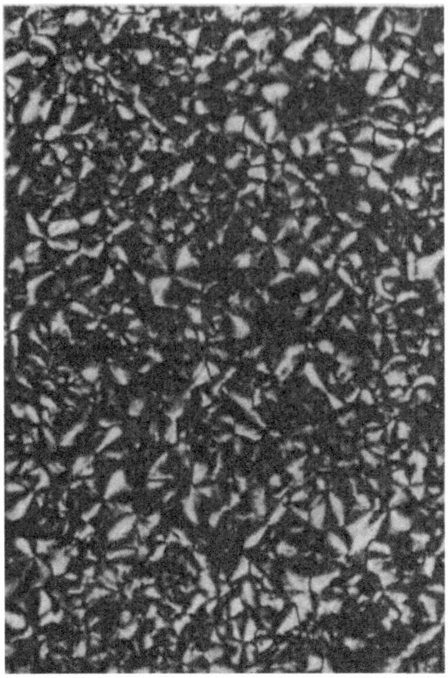

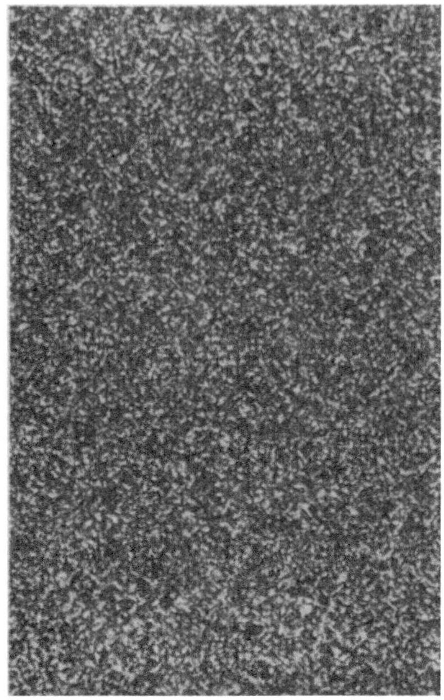

0,1 mm   0,1 mm

Abb. 50 Polarisationsoptische Aufnahmen von Polyamid (PA-B) und Polyacetalharz (POM)

ist von den Temperatur- und Abkühlungsbedingungen abhängig. Mechanische Einwirkungen auf die Schmelze können zu unregelmäßigem Gefüge führen.
Die Abb. 50 zeigt Strukturaufnahmen von Polyamid (PA-B) und Polyacetalharz (POM).
Bei dem untersuchten Polyamid-Typ treten, wenn auch etwas unregelmäßig, aber dennoch relativ große Sphärolite auf. Demgegenüber ist bei Polyacetalharz ein sehr feinkristallines Gefüge zu erkennen.
Neben der oben erwähnten Beeinflussung der Struktur durch äußere Einwirkungen auf die erstarrende Schmelze wird das Gefüge teilkristalliner Werkstoffe bei verschiedenen Halbzeugverarbeitungsverfahren beeinflußt. Hier sei erinnert an Orientierungserscheinungen beim Warmformen sowie an Erscheinungen, z. B. beim Schweißen von Polyolefinen, bei dem durch Wärmeeinwirkung Gefügeumwandlungen auftreten.
Wie aus den Abb. 51 und 52 ersichtlich, treten bei dem hier untersuchten Zerspanungsvorgang zwei Effekte auf.
Die Außenschicht des Werkstückes ist offensichtlich über den Kristallitschmelzpunkt erwärmt. Die im Ausgangsmaterial vorhandenen Sphärolite sind aufgeschmolzen und das Material scheint ohne Rekristallisation sehr rasch abgekühlt zu sein (Zone I). In einer zweiten, etwas tiefer gelegenen Zone ist das Gefüge mechanisch verformt worden. Das Gefügebild zeigt im polarisierten Licht ein

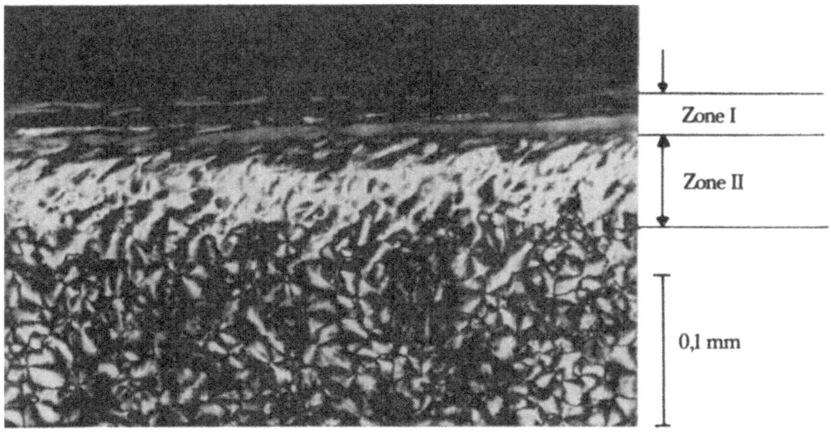

Abb. 51 Polarisationsoptische Aufnahme der Werkstückaußenschicht von Polyamid (PA-B)
(Schnitt senkrecht zur Drehachse in Richtung der Schnittgeschwindigkeit)

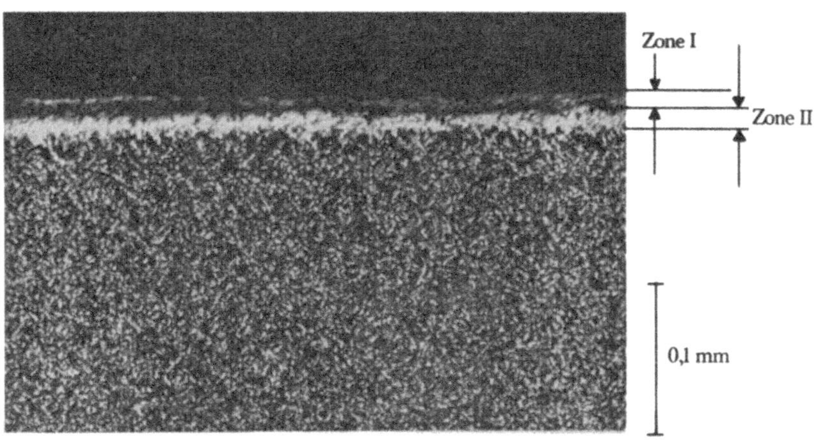

Abb. 52 Polarisationsoptische Aufnahme der Werkstückaußenschicht von Polyacetalharz (POM)
(Schnitt senkrecht zur Drehachse in Richtung der Schnittgeschwindigkeit)

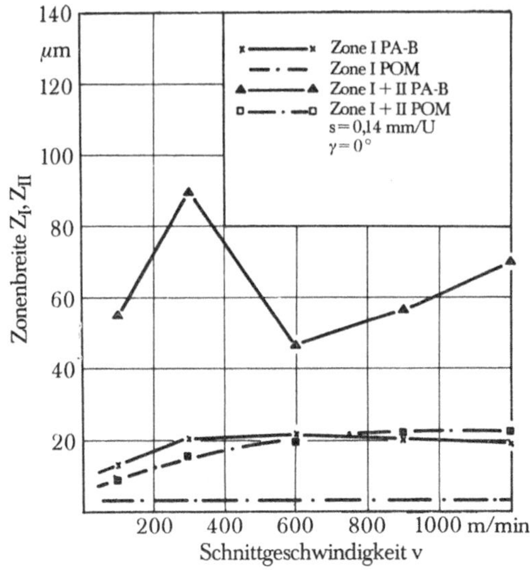

Abb. 53 Breite der beeinflußten Zone in Abhängigkeit von der Schnittgeschwindigkeit für Polyamid (PA-B) und Polyacetalharz (POM)

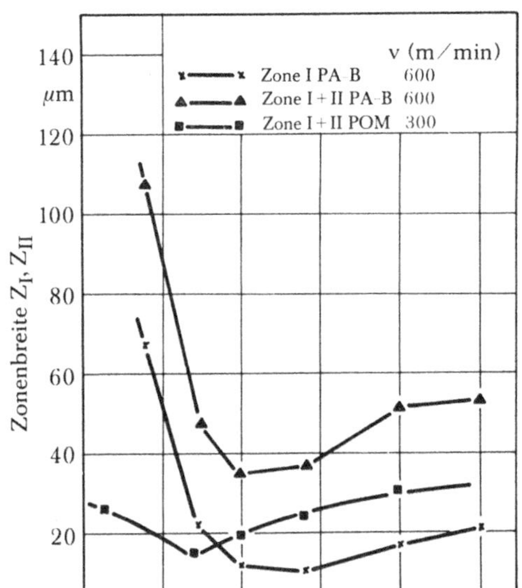

Abb. 54 Breite der beeinflußten Zone in Abhängigkeit vom Vorschub bei Polyamid (PA-B) und Polyacetalharz (POM)

helles Band, in dessen Bereich durch die Umformung der Sphärolite andere Lichtbrechungserscheinungen auftreten als beim Grundmaterial (Zone II).

Die Tiefe der beeinflußten Werkstückschichten ist einmal von den Werkstoffeigenschaften wie Kristallitschmelzpunkt, Festigkeit in Abhängigkeit von der Temperatur, spezifische Wärme und Wärmeleitfähigkeit abhängig. Sie wird zum anderen aber wesentlich von den Arbeitsbedingungen wie Vorschub und Schnittgeschwindigkeit bestimmt, die je nach der Größe der auftretenden Schnittkraft und Schnittemperatur die Werkstücke unterschiedlich beeinflussen.

Zur Untersuchung der letztgenannten Einflüsse wurden Werkstückproben von Polyamid und Polyacetalharz entnommen, die bei verschiedenen Bearbeitungsbedingungen hergestellt wurden. Von entsprechenden Werkstückabschnitten wurden Dünnschnitte von etwa 10 bis 15 μm Dicke hergestellt und im polarisierten Licht untersucht. Hierbei wurde mit Hilfe eines Okularmikrometers die Breite der jeweiligen Werkstückzone ausgemessen. Von jeder Bearbeitungsbedingung wurden 3 Dünnschnitte angefertigt, aus denen je 7 Einzelmessungen ausgewertet wurden. Als Meßgröße wurde der Mittelwert aus diesen 21 Einzelmessungen aufgenommen.

Die Abb. 53 und 54 zeigen die Abhängigkeit der Breite der beeinflußten Zonen von Schnittgeschwindigkeit und Vorschub.

Danach ist die Breite der äußeren amorphen Zone bei Polyamid (PA-B) ab $v = 300$ m/min und bei Polyacetalharz (POM) über den ganzen Bereich der Schnittgeschwindigkeit praktisch konstant. Unterschiede sind nicht mehr meßbar. Es handelt sich hierbei offenbar um einen durch die Freiflächenreibung erwärmten Bereich (Zone I). Die konstante Breite ist durch die gleichen Reibungsverhältnisse und die konstante Größe der Rück- und Vorschubkräfte über den gesamten Bereich der Schnittgeschwindigkeit zu erklären. Die Abhängigkeit der Zone I vom Vorschub s zeigt bei Polyamid (PA-B) einen starken Abfall zwischen 0,08 und 0,14 mm/U. Oberhalb 0,14 mm/U ist ihre Breite nahezu konstant. Diese Abnahme der Zonenbreite I im Vorschubbereich zwischen 0,08 und 0,14 mm/U erklärt sich wie die Abnahme der Rauhtiefe aus der Wärmestauung bei Kunststoffen. Bei diesen kleinen Vorschüben erfaßt die Schneide vorgewärmtes Material, während bei größeren Vorschüben $s > 0{,}14$ mm/U unbeeinflußtes Material erfaßt wird.

Die Breite der insgesamt beeinflußten Werkstückschicht (Zone I + II) zeigt bei Polyamid (PA-B) ein Minimum im Schnittgeschwindigkeitsbereich zwischen 500 m/min und 900 m/min und im Vorschubbereich zwischen $s = 0{,}14$ mm/U und $s = 0{,}4$ mm/U. Bei Polyacetalharz steigt die Breite der Zone I + II mit wachsender Schnittgeschwindigkeit, während die Vorschubabhängigkeit ein eindeutiges Minimum zwischen $s = 0{,}1$ mm/U und $s = 0{,}2$ mm/U aufweist.

In Zone II ist der Werkstoff durch den Scher- und Trennvorgang mechanisch umgeformt worden. Die Abnahme der Gesamtzonenbreite bei Vorschüben zwischen 0,04 und 0,14 mm/U ist auch hier auf die Temperaturverhältnisse zurückzuführen. Der Wiederanstieg der Gesamtzonenbreite ist mit den steigenden Schnittkräften bei wachsenden Vorschüben zu erklären.

Eine nähere Abgrenzung der Zusammenhänge war nicht möglich, da eine Ermittlung der Temperaturen in der Trenn- und Spanbildungszone meßtechnisch nicht verwirklicht werden konnte.
Aus den Schnittkraft- und Oberflächenuntersuchungen ergeben sich als optimale Arbeitsbedingungen für das Drehen folgende Werte (Tab. 4):

Tab. 4 Optimale Arbeitsbedingungen für das Drehen von PVC, PA-B, POM und PE

Werkstoff	Schnittgeschwindigkeit m/min	Vorschub mm/U
Polyvinylchlorid (PVC)	300– 500	0,14–0,18
Polyamid (PA-B)	300–1000	0,12–0,14
Polyacetalharz (POM)	100– 600	0,08–0,1
Polyäthylen (PE)	700–1000	0,06–0,1

Bei diesen Arbeitsbedingungen ist nach den Untersuchungen über die Struktur der Werkstückaußenschichten auch die geringste Beeinflussung des Werkstückes durch den Zerspanungsvorgang gegeben.

6. Untersuchung des Spanbildungsprozesses an Hand von Versuchen im orthogonalen Schnitt

Zur Untersuchung des Verformungsverhaltens der Kunststoffe bei der Zerspanung wurden Schnittkraft- und Spantauchungsmessungen im orthogonalen Schnitt durchgeführt. Die hieraus erzielten Ergebnisse wurden durch Gefügeuntersuchungen an den Spänen der teilkristallinen Werkstoffe Polyamid (PA-B) und Polyacetalharz (POM) ergänzt. Hierbei galt es, die Übertragbarkeit der für metallische Werkstoffe aufgestellten Zerspanungstheorien auf das Zerspanungsverhalten von Kunststoffen zu überprüfen.

Als wesentliche, den Spanbildungsprozeß beeinflussende Größen gelten:

1. Das Verformungsverhalten des Werkstoffes unter Berücksichtigung der Abhängigkeit der Werkstoffeigenschaften von Temperatur und Verformungsgeschwindigkeit.
2. Das Reibungsverhalten des Werkstoffs gegenüber dem Werkzeug.
3. Die Schneidengeometrie, d. h. insbesondere der Spanwinkel.

Die spangebende Bearbeitung der Werkstoffe mit einschneidigen Werkzeugen kann mit guter Annäherung als orthogonaler Zerspanungsprozeß betrachtet werden. Ergebnisse aus Spanbildungsuntersuchungen im Orthogonalprozeß lassen sich gut auf den allgemeineren Fall des Drehens übertragen, insbesondere wenn die Nebenschneide des Werkzeuges klein gegenüber der Hauptschneide ist.

Beim Eindringen des Werkzeuges in das Werkstück wirkt eine resultierende Schnittkraft auf das Werkstück und deren Reaktionskraft auf das Werkzeug. Die resultierende Schnittkraft P läßt sich, wie in Abb. 55 dargestellt, in mehrere Kraftkomponentensysteme zerlegen:

1. Normal- und Tangentialkraft auf der Spanfläche.
2. Normal- und Tangentialkraft in der Scherebene.
3. Die Hauptschnittkraft (in Richtung der Schnittgeschwindigkeit) und Vorschub- bzw. Rückkraft (senkrecht zur Richtung der Schnittgeschwindigkeit).

Der Spanbildungsprozeß wird im Bereich der Fließspanbildung allgemein als Schervorgang in einer eng begrenzten Zone, die sich von der Meißelspitze zur Werkstückoberfläche erstreckt, angesehen [8, 24, 26, 29, 34, 36, 44, 45, 46]. Um den Vorgang einer Berechnung zugänglich zu machen, wird diese Scherzone meistens vereinfacht als Scherebene angesetzt, die mit der Schnittrichtung den Winkel Φ bildet. Es wird ferner angenommen, daß die mit der Spanbildung verbundene Umformung des Werkstoffes bei seinem Durchgang durch die Scherzone erfolgt. Wie in Abb. 56 idealisiert dargestellt, werden durch die Werkzeugspitze

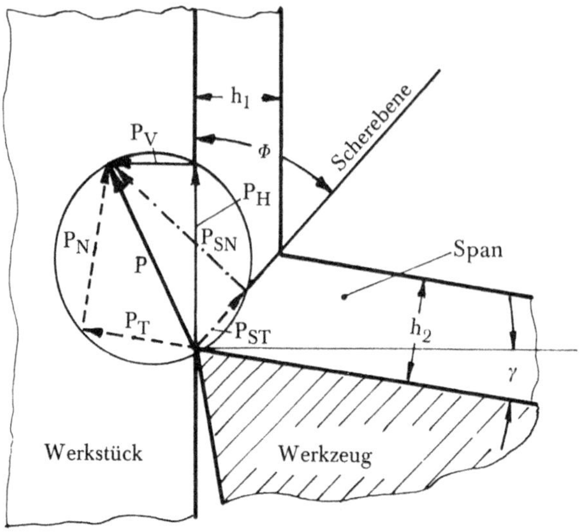

Abb. 55 Die Komponentensysteme der resultierenden Schnittkraft im Orthogonalschnitt

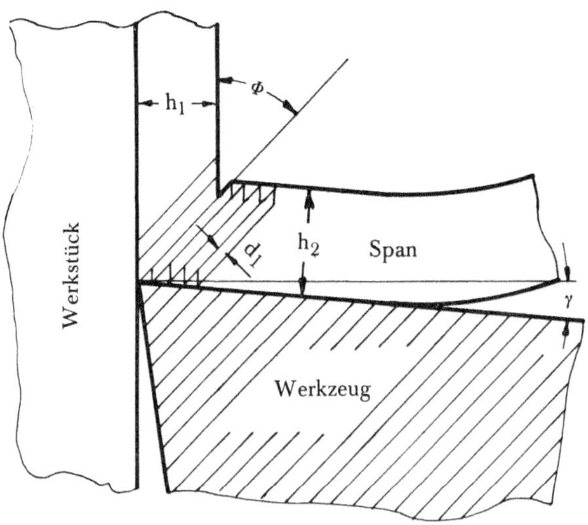

Abb. 56 Schematische Darstellung des Orthogonalschnittes

Werkstofflamellen abgelöst, die in der Scherebene auf dem Werkstück abgleiten und auf die Spanfläche des Werkzeuges geschoben werden. Hierbei erfolgt eine Verformung des Werkstoffes, die bei Metallen durch eine plastische Verformung der Kristalle gekennzeichnet ist [26, 36].

Bei der Zerspanung von Metallen treten bei kleinen Geschwindigkeiten in der Größenordnung $v \approx 10$ m/min lamellenförmige Späne auf (s. z. B. Opitz-Gappisch [18]). Mit wachsender Schnittgeschwindigkeit nimmt die Lamellendicke ab, bis sich ein kontinuierlicher Scherprozeß einstellt.

Gefügeuntersuchungen an Spanlängsschnitten teilkristalliner Kunststoffe zeigen, daß der Effekt der Lamellenbildung und Werkstoffumformung auch bei diesen thermoplastischen Kunststoffen bei Schnittgeschwindigkeiten $v < 100$ m/min auftritt.

Die Abb. 57 zeigt als Beispiel Spanlängsschnitte von Polyamid im Vergleich mit dem Normalgefüge des Werkstoffes. Das Normalgefüge weist im polarisierten Licht eine ausgeprägte Sphärolitstruktur auf, die bei den Spanbildern (Abb. 57b und c) nicht mehr zu erkennen ist. Vielmehr zeigen die Spanaufnahmen einen klaren Lamellenaufbau. Die einzelnen Lamellen sind durch schmale Bereiche, in denen der Werkstoff im polarisierten Licht durchsichtig ist, periodisch unterbrochen. Die Breite der einzelnen Lamellen ist abhängig von der Schnittgeschwindigkeit (vgl. Abb. 58).

Da diese Erscheinung streng periodisch ist, muß angenommen werden, daß der Spannungsverlauf mit der Dicke der Lamelle stark zunimmt, bis die wirksame Scherspannung die Fließfestigkeit des Werkstoffes erreicht hat. Mit wachsender Belastungsgeschwindigkeit verhält sich der Werkstoff steifer, so daß schon bei geringerer Lamellendicke diese Grenzspannung in der Scherzone erreicht wird (vgl. Oberbach und Abb. 6).

Nach Nitsche/Wolf [10] verändern sich die spannungsoptischen Eigenschaften von teilkristallinen Werkstoffen beim Verstrecken oder Verformen. Die Sphärolite werden im allgemeinen auseinandergezogen und verblassen, wobei das Material durchsichtiger wird. Man kann also schließen, daß der Werkstoff im schmalen Scherbereich zwischen den Einzellamellen einer starken Schiebung unterzogen wurde und im Bereich der Lamellen selbst eine Verformung erfahren hat. Dadurch wird eine Ausrichtung der kristallinen Bereiche bewirkt, wobei ähnlich wie bei der Verstreckung von Fasern aus teilkristallinen Werkstoffen die Doppelbrechung verschwindet.

Schliffbilder von Metallspänen zeigen damit gleich verlaufende Erscheinungen, wobei stark verformte Kristallite zwischen den Fließschichten zu erkennen sind.

Kennzeichnend für die Größe des Scherwinkels Φ ist die Spanstauchung λ_{sp}, die bei den hier durchgeführten Untersuchungen durch Messung der Spandicke h_2 und Ermittlung des Verhältnisses von h_2/h_1 bestimmt wurde. Die Abhängigkeit der Spanstauchung λ_{sp} von Vorschub und Schnittgeschwindigkeit ist in den Abb. 59 und 60 dargestellt.

Abb. 57 Gefügeaufnahme von Polyamid

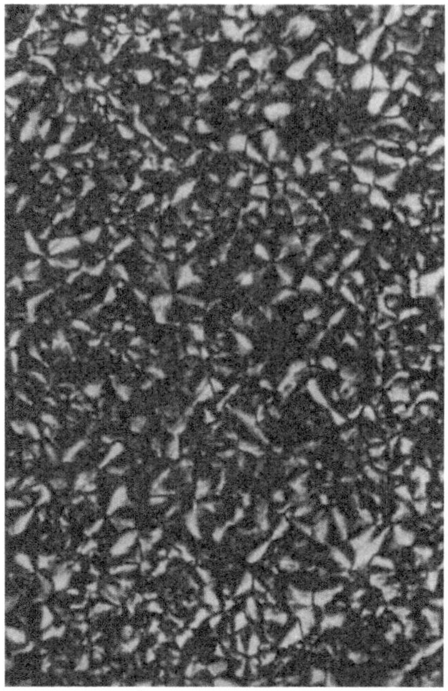

0,1 mm

a) Gefüge des Grundwerkstoffes

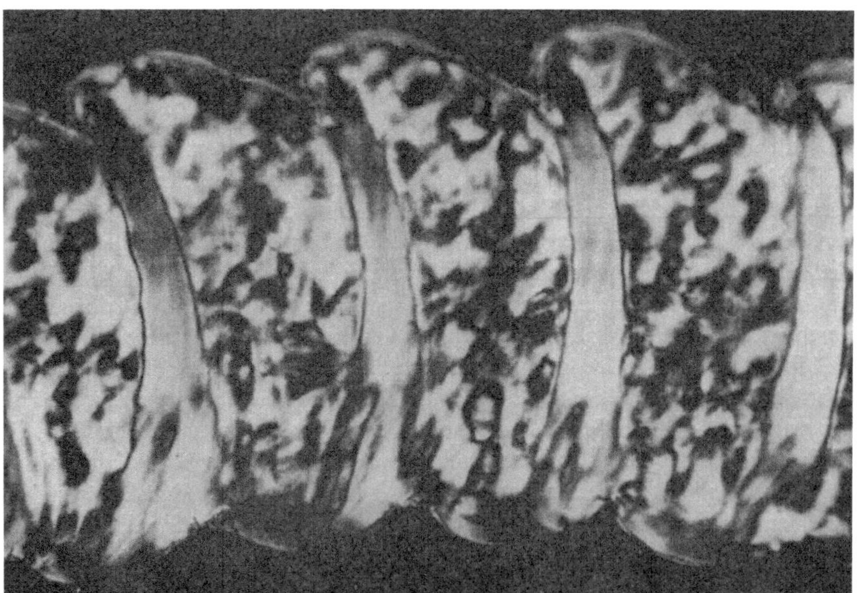

0,1 mm

b) Spanaufnahme ($v = 90$ m/min; $s = 0{,}14$ mm/U)

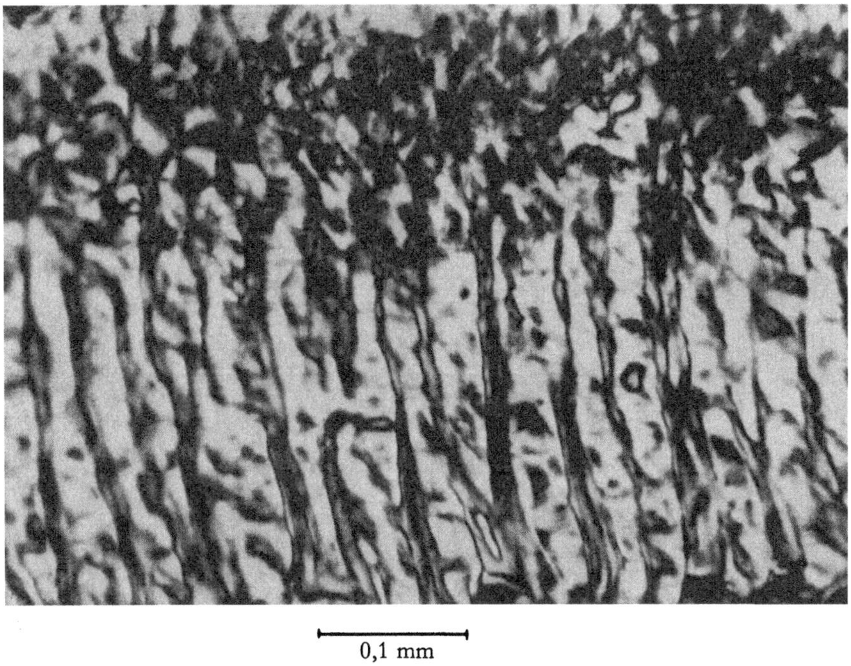

c) Spanaufnahme (v = 600 m/min; s = 0,28 mm/U)

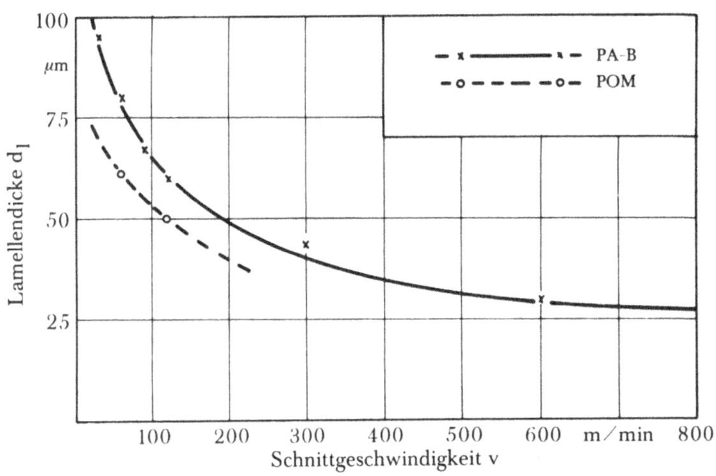

Abb. 58 Abhängigkeit der Spanlamellendicke d_l von der Schnittgeschwindigkeit bei der Zerspanung von Kunststoffen am Beispiel Polyamid (PA-B) und Polyacetalharz (POM)
Schneidengeometrie: 10 – 0 – 0 – 60 – 90 – 1,0
a = 2 mm; s = 0,14 mm/U

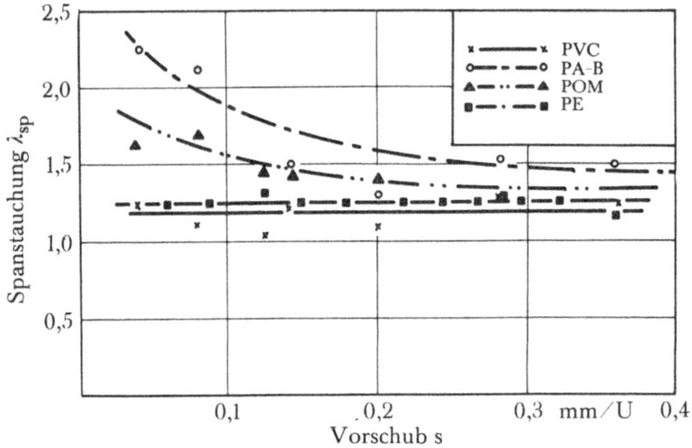

Abb. 59 Abhängigkeit der Spanstauchung λ_{sp} vom Vorschub s
Schneidengeometrie: 10 – 0 – 0 – 60 – 90 – 1,0
$a = 2$ mm; $v = 300$ m/min

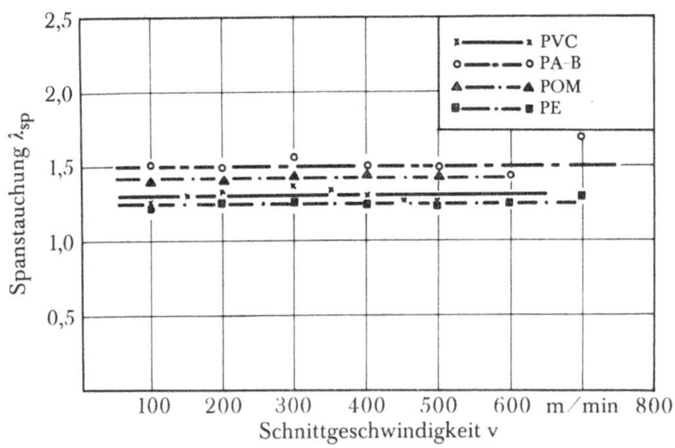

Abb. 60 Abhängigkeit der Spanstauchung λ_{sp} von der Schnittgeschwindigkeit v
Schneidengeometrie: 10 – 0 – 0 – 60 – 90 – 1,0
$a = 2$ mm; $s = 0,14$ mm/U

Der geometrische Zusammenhang zwischen dem Scherwinkel Φ, der Spanstauchung λ_{sp} und dem Spanwinkel γ wird durch die Gleichung

$$\operatorname{tg} \Phi = \frac{\cos \gamma}{\lambda_{sp} - \sin \gamma} \tag{2}$$

beschrieben [8, 26, 36]. Mit dieser Gleichung ist gleichzeitig ein Weg zur Bestimmung des Scherwinkels aus der Spanstauchung gegeben.
Der Zusammenhang zwischen dem Spanbildungsprozeß und dem Verformungsverhalten des bearbeiteten Werkstoffes bzw. seiner Reibungseigenschaften wurde von Hucks [26, 36] mit Hilfe der Mohr'schen Gleitflächentheorie erläutert.
Trägt man für den zweidimensionalen Belastungsfall die Grenzspannungen der Zug- und Druckfestigkeit in einem rechtwinkligen Koordinatensystem mit den Achsen σ und τ auf, so ergibt die Hüllkurve an den Spannungskurven gemäß Abb. 61a nach Mohr die Grenzbelastungskurve für alle Belastungsfälle. Diese Hüllkurve kann mit genügender Genauigkeit als Gerade angesehen werden. Bei spröden Werkstoffen ($\sigma_{D\,\mathrm{zul}} \neq \sigma_{Z\,\mathrm{zul}}$) ergeben sich geneigte Geraden, bei zähen Werkstoffen ($\sigma_{D\,\mathrm{zul}} = \sigma_{Z\,\mathrm{zul}}$) ergeben sich Parallelen zur σ-Achse. Letzteres gilt für Werkstoffe mit ausgeprägter Fließgrenze, z. B. für Stahl.
Zieht man in diesem System vom Mittelpunkt der Koordinaten eine Senkrechte auf die Hüllgerade (O–A), so bildet diese Linie mit der σ-Achse den Winkel $2\,\varphi$, wobei nach Mohr φ dem Winkel zwischen der Hauptspannungsrichtung und den sich bei Grenzbelastung einstellenden Gleitflächen entspricht (s. Abb. 61c).
Die Lage der Hauptspannungsrichtung kann gemäß Abb. 61b ebenfalls aus dem Mohr'schen Spannungskreis aus den beim Zerspanungsvorgang ermittelten Normal- und Tangentialspannungen auf der Berührungsfläche zwischen Span und Spanfläche des Werkzeuges gefunden werden. Die Hauptspannungsrichtung ist um den Winkel ω gegen die Belastungsrichtung verdreht (s. Abb. 61b und c).
Nach Hucks [26, 36] entspricht die unter dem Winkel ϱ zur Spanfläche liegende Gleitfläche der oben genannten Scherebene. Der Winkel ω wird (n. Abb. 61b) von den Reibverhältnissen zwischen Span und Werkzeug bestimmt und folgt der Beziehung:

$$\operatorname{tg} \omega = \frac{\tau_s}{\sigma_{s/2}} = 2\,\frac{\tau_s}{\sigma_s} = 2\,\mu$$

und

$$\omega = \tfrac{1}{2} \operatorname{arc\,tg} 2\,\mu \tag{3}$$

Da $\varrho = \omega + 90 - \varphi$ ist, ergibt sich für den Zusammenhang zwischen dem Scherwinkel Φ, dem scheinbaren Reibungskoeffizienten μ und dem Spanwinkel γ die Gleichung:

$$\Phi = \varphi + \gamma - \tfrac{1}{2} \operatorname{arc\,tg} 2\,\mu \tag{4}$$

In Abb. 62 und 63 sind die aus der Spanstauchung λ_{sp} ermittelten Werte des Scherwinkels Φ und die zugehörigen scheinbaren Reibungskoeffizienten μ über dem Vorschub bzw. der Schnittgeschwindigkeit v eingetragen.

Abb. 61 Ermittlung der Grenzkurven und Bestimmung der Gleitflächen aus den Fließspannungen nach MOHR

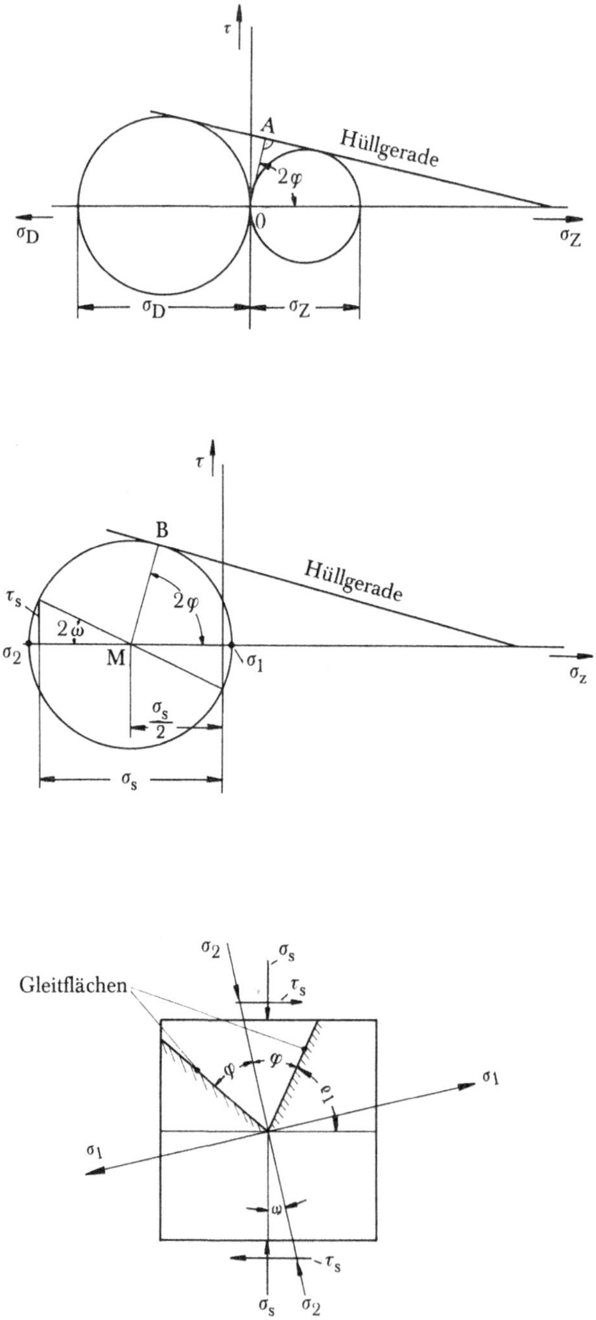

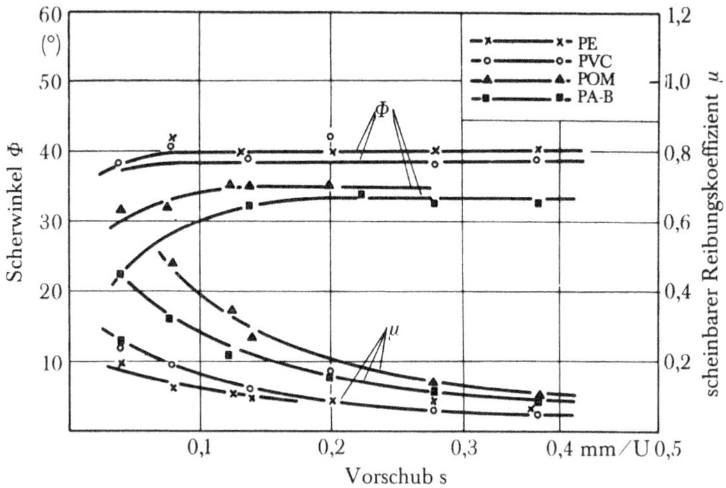

Abb. 62 Scherwinkel Φ und Reibungskoeffizient μ über dem Vorschub s (Orthogonalschnitt)
$b = 4$ mm; $v = 300$ m/min; $\gamma = 0°$

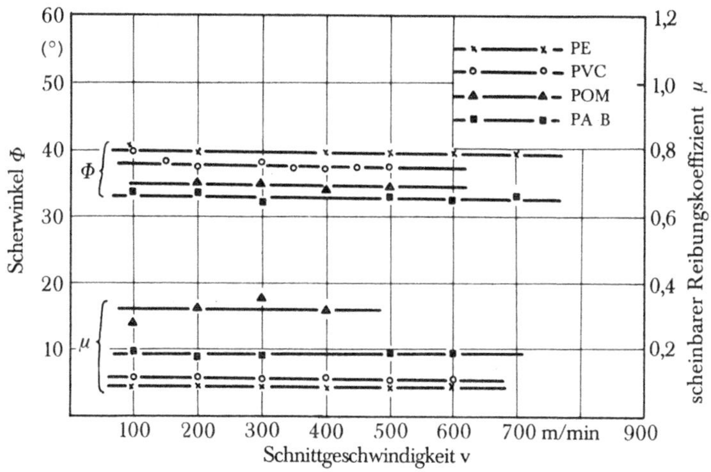

Abb. 63 Scherwinkel Φ und Reibungskoeffizient μ über der Schnittgeschwindigkeit (Orthogonalschnitt)
$b = 4$ mm; $s = 0{,}14$ mm/U; $\gamma = 0°$

Im Vergleich zur Bearbeitung normaler Stähle stellen sich bei der Bearbeitung thermoplastischer Kunststoffe relativ große Scherwinkel zwischen 33 und 40° ein. Diesen entsprechen kleine Spanstauchungswerte zwischen 1,55 und 1,10.
In der nachfolgenden Tab. 5 sind die Einflußgrößen φ und μ sowie die nach Gl. (4) errechneten und die gemessenen Werte der Scherwinkel für die untersuchten Thermoplaste zusammengestellt.

Tab. 5 Vergleich der errechneten und gemessenen Werte für den Scherwinkel Φ für die Versuchswerkstoffe PVC, PA-B, POM und PE
$b = 4$ mm; $v = 300$ m/min; $s = 0{,}14$ mm/U; $\gamma = 0°$

Werkstoff	Gleitwinkel φ (°)	Scheinbarer Reibwert μ	Scherwinkel Φ gem. (°)	Scherwinkel Φ ger. (°)
Polyvinylchlorid (PVC)	41	0,11	37,5	35
Polyamid (PA-B)	42	0,19	33,0	31,5
Polyacetalharz (POM)	45	0,27	34,5	31
Polyäthylen (PE)	45	0,09	39,5	40

Der gemessene Scherwinkel Φ gem. ergibt sich hierbei nach Gl. (2) aus der Spanstauchung λ_{sp} und dem Spanwinkel γ. Der errechnete Scherwinkel Φ ger. wird nach Gl. (4) aus dem Gleitwinkel φ (aus Zug- und Druckfestigkeit nach Mohr – gemäß Abb. 61 a), dem Spanwinkel γ und dem scheinbaren Reibungskoeffizienten μ (aus dem Verhältnis P_V/P_H) bestimmt. Der hier eingesetzte scheinbare Reibungskoeffizient μ stimmt zwar in der Größenordnung mit den aus Gleitlagerversuchen ermittelten Reibwerten überein [33, 50], ist aber nicht ohne weiteres vergleichbar.
Der Vergleich der gemessenen und errechneten Scherwinkel zeigt gute Übereinstimmung. Es läßt sich daraus schließen, daß im Fließspanbereich auch bei Kunststoffen die für Metalle aufgestellte Zerspanungstheorie anwendbar ist.
Die Größe der Scherwinkel von Kunststoffen entspricht etwa denjenigen von Messing oder vergütetem Stahl [45]. Die Gleitwinkel φ liegen zwischen 40 und 45°. Damit ergibt sich bei der Zerspanung von Kunststoffen bei geringen scheinbaren Reibungskoeffizienten eine geringe Spanstauchung.
Die von Hucks aufgezeigten Zusammenhänge [26, 36] gelten für Werkstoffe mit elastisch-plastischem Verformungsverhalten, wie es bei Metallen gegeben ist. Es gilt also zu überprüfen, ob die Voraussetzung elastischen Verhaltens im Falle der spangebenden Bearbeitung auch von den hier untersuchten thermoplastischen Kunststoffen erfüllt wird. Aus diesem Grunde seien einige Betrachtungen über das rheologische Verhalten von Kunststoffen angeschlossen.
Zur Beschreibung des Verformungsverhaltens thermoplastischer Kunststoffe werden zwei Grundtheorien herangezogen.

1. Die Elastizitätstheorie, mit der eine elastische Scherdeformation beschrieben wird, und
2. die Hydrodynamik, mit der unter der Voraussetzung Newtonschen Fließens eine fortwährende Deformation unter konstanter Spannung beschrieben wird.

Die Grundvoraussetzungen beider Theorien werden jeweils von Werkstoffen bestimmter Struktur und Konsistenz erfüllt. Elastische, der Spannung proportionale Verformung liegt bei festen Körpern, z. B. bei Metallen, unter reiner Schubspannung im Bereich kleiner Verschiebungen vor. Der Schervorgang wird mit der Beziehung

$$\tau = G \cdot \gamma \tag{5}$$

beschrieben. Spannung und Verformung sind proportional.

Einen sehr ähnlichen Verformungsmechanismus zeigen auch Werkstoffe mit großem Dehnvermögen, wie z. B. Gummi, wobei neben Schubspannungen auch Normalspannungen auftreten. Maßgebend für den Deformationszustand sind dabei die Differenzen der Normalspannungen. Für den Fall der homogenen Scherung gilt

$$\tau = G \cdot \gamma \quad \text{und} \quad \sigma = G \cdot \gamma^2, \tag{6}$$

wobei σ den Differenzen der Normalspannungen entspricht

$$(\sigma_x - \sigma_y = \sigma_x - \sigma_z \equiv \sigma).$$

Bei kleinen Schiebungen ist $\gamma^2 \ll \gamma$, so daß Gl. (6) vernachlässigt werden kann. Im Gegensatz zu diesen beiden Fällen elastischer Deformation weisen Newtonsche Flüssigkeiten eine fortwährende irreversible Deformation unter konstanter Schubspannung auf. Bei diesen viskosen Flüssigkeiten gilt die Beziehung

$$\tau = -\eta \cdot \dot{\gamma}. \tag{7}$$

Die Schubspannung ist infolge der Abhängigkeit $\eta = f(\dot{\gamma})$ der Verformungsgeschwindigkeit, d. h. der Schergeschwindigkeit $\dot{\gamma}$, proportional.
Das Verformungsverhalten der Kunststoffe kann als Überlagerung der oben beschriebenen Grundtheorien einer elastischen und einer plastischen Deformation verstanden werden. Je nach Temperatur und Belastungszeit überwiegt der jeweilige Anteil der elastischen bzw. der plastischen Deformation. Das wird deutlich, wenn man extreme Zustandsformen betrachtet.

Im festen Zustand, unterhalb der Erweichungstemperatur, sind Kunststoffe bei kurzzeitiger Belastung nahezu rein elastisch. Das Spannungsdehnungsdiagramm weist im Bereich bis zur Streckgrenze nur eine geringe Abweichung vom linearen Zusammenhang zwischen Spannung und Dehnung auf. Bei fortdauernder Belastung nimmt die Verformung jedoch zu; der Werkstoff kriecht. Unter sehr kurzzeitiger Belastung, d. h. bei sehr hohen Belastungs- oder Verformungsgeschwindigkeiten, kann also elastisches Verhalten angenommen werden.

Das andere Extrem tritt im Bereich der Schmelze, d. h. oberhalb der Fließ- bzw. Kristallitschmelztemperatur, auf. Unter sehr kleinen Schergeschwindigkeiten verhält sich die Schmelze wie eine Newtonsche Flüssigkeit. Mit steigender Schergeschwindigkeit stellt sich eine nicht mehr lineare Abhängigkeit ein.

Temperatur und Verformungsgeschwindigkeit sind also die wesentlichen Faktoren, die das Verformungsverhalten der Kunststoffe bestimmen.
Bei der spangebenden Bearbeitung von Kunststoffen treten erhöhte Temperaturen auf, die sich wie folgt überschlägig ermitteln lassen. Nimmt man an, daß die gesamte Scherenergie beim Spanbildungsprozeß in Wärme umgesetzt wird, so läßt sich die maximal mögliche Temperaturerhöhung in der Scherzone aus der Scherarbeit in der Scherzone ermitteln. Diese ergibt sich nach Vieregge [45] näherungsweise aus der Scherspannung τ_Φ und der spezifischen Schiebung ε_0.

$$\tau_\Phi = \frac{1}{s \cdot a} (P_H \cdot \cos \Phi - P_V \cdot \sin \Phi) \tag{8}$$

$$\varepsilon_0 = \operatorname{tg} \Phi + \operatorname{tg} (\Phi - \gamma) \tag{9}$$

Dabei wird der Scherwinkel Φ aus der Spanstauchung nach Gl. (2) berechnet. Die Scherarbeit je cm³ Spanvolumen ist

$$E_{so} = \int_{\varepsilon=0}^{\varepsilon=\varepsilon_0} \tau_\Phi \cdot d\varepsilon \approx \tau_\Phi \cdot \varepsilon_0 \quad \left(\frac{\text{kpm}}{\text{cm}^3}\right) \tag{10}$$

Die maximal mögliche Temperaturerhöhung in der Scherzone ergibt sich dann zu

$$\Delta\vartheta_{s\,\max} = E_{so} \cdot \frac{A}{\gamma \cdot c} \; (^\circ\text{C}), \tag{11}$$

wobei A das mechanische Wärmeäquivalent, γ das spezifische Gewicht und c die spezifische Wärme bedeuten.
Berechnet man diese maximal mögliche Temperaturerhöhung in der Scherebene nach Gl. (8–11) für einen Spanwinkel $\gamma = 0°$, eine Schnittgeschwindigkeit $v = 300$ m/min und einen Vorschub $s = 0{,}14$ mm/U, so ergibt sich für Polyvinylchlorid eine Temperaturdifferenz von rd. 180° C; für Polyamid von rd. 180° C, für Polyoxymethylen von rd. 100° C und für Polyäthylen von rd. 50° C.
Diesem Einfluß der Temperatur auf das Spannungs-Dehnungsverhalten wirkt der Einfluß höherer Verformungsgeschwindigkeiten entgegen. Mit zunehmender Verformungsgeschwindigkeit steigt die Festigkeit an der Streckgrenze und die Dehnung an der Streckgrenze bzw. bei Bruch des Materials nehmen ab. Hierzu stellte Oberbach [17] fest, daß z. B. im Bereich der Dehngeschwindigkeit zwischen $10\ \%/\text{sec} < v_D < 10^3\ \%/\text{sec}$ eine Erhöhung der Dehngeschwindigkeit um den Faktor 10 je nach Werkstoff einer Temperaturerniedrigung um 10° C (z. B. bei PE) bis 15° C (z. B. bei PVC) entspricht. Gelangt man bei höheren Dehngeschwindigkeiten in den Bereich des Steilanstiegs der Festigkeit, so verstärkt

sich der Geschwindigkeitseinfluß, das Verformungsverhalten wird weitgehend unabhängig von der Temperatur, wie OBERBACH am Beispiel Polycarbonat feststellte.
Die Größenordnung der Verformungsgeschwindigkeit, die bei der Zerspanung von Kunststoffen auftritt, kann wie folgt ermittelt werden:

Nach KRONENBERG gilt für die spezifische Schiebung

$$\varepsilon = \frac{h_2 - h_1}{d_l}, \tag{21}$$

worin d_l die Spanlamellendicke bedeutet.

Die für diese Verformung verbrauchte Zeit t ergibt sich aus dem Verhältnis des Weges d_l, auf dem diese Verformung bewirkt wird, zur Spangeschwindigkeit v_{sp}.

$$t = \frac{d_l \cdot 60}{v_{sp} \cdot 10^3} \text{ (sec)} \tag{13}$$

Die Gleichung für die Spangeschwindigkeit lautet:

$$v_{sp} = \frac{v \cdot 10^3}{60\, \lambda_{sp}} \left(\frac{\text{mm}}{\text{sec}}\right) \tag{14}$$

Damit gilt für die verbrauchte Zeit

$$t = \frac{d_l \cdot 60}{v_{sp} \cdot 10^3} = \frac{h_2 - h_1}{\varepsilon} \cdot \frac{\lambda_{sp} \cdot 60}{v \cdot 10^3} \text{ (sec)} \tag{15}$$

Die Verformungsgeschwindigkeit ergibt sich sodann zu

$$v_D = \frac{\varepsilon}{t} = \frac{\varepsilon \cdot \varepsilon \cdot v \cdot 10^3}{60\,(h_2 - h_1)\, \lambda_{sp}} = \frac{\varepsilon^2 \cdot v \cdot 10^3 \cdot 100}{60\,(h_2 - h_1) \cdot \lambda_{sp}} \text{ \%/sec} \tag{16}$$

Bei PVC hat z. B. für eine Schnittgeschwindigkeit $v = 300$ m/min und den Vorschub $s = 0{,}14$ mm/U die spezifische Schiebung den Wert $\varepsilon = 2{,}06$, die Spanstauchung den Wert $\lambda_{sp} = 1{,}22$, die Spandicke den Wert $h_2 = 0{,}17$ mm. Für diese Bedingungen ist die Verformungsgeschwindigkeit:

$$v_D = \frac{\varepsilon^2 \cdot v \cdot 10^3 \cdot 100}{60\,(h_2 - h_1) \cdot \lambda_{sp}} = \frac{2{,}06^2 \cdot 300 \cdot 10^3 \cdot 100}{60 \cdot 0{,}03 \cdot 1{,}22} = 5{,}8 \cdot 10^7 \text{ \%/sec}.$$

Die nach dieser Gleichung ermittelten Verformungsgeschwindigkeiten liegen in der Größenordnung von 10^7–10^8 %/sec. Es kann also angenommen werden, daß sich die thermoplastischen Kunststoffe bei den in der spanenden Bearbeitung üblichen Geschwindigkeiten und den dabei auftretenden Temperaturen im festen Zustand befinden und ein den Metallen entsprechendes elastisch-plastisches Verhalten aufweisen. Diese Annahme wird durch die Untersuchungen von OBERBACH bestätigt, der Festigkeiten und Dehnungen verschiedener Kunststoffe bei Dehnungsgeschwindigkeiten zwischen 10^{-2} und 10^4 %/sec ermittelte. Drei der von Oberbach untersuchten Werkstoffe können zum Vergleich mit den in dieser Arbeit untersuchten Werkstofftypen herangezogen werden.

So sind in Abb. 64 für die Werkstoffe Polyamid, Polyvinylchlorid und Polyäthylen die Streckgrenzenfestigkeit und die Bruchdehnung über der Dehngeschwindigkeit aufgetragen. Bei allen Werkstoffen steigt die Festigkeit mit wachsender Verformungsgeschwindigkeit zunächst nahezu linear an. Bei Dehngeschwindigkeiten über 10^3 bzw. 10^4 %/sec nimmt die Steigerung der Festigkeit zu. Die bleibende Dehnung beim Bruch fällt dabei bei allen Werkstoffen bei mehr oder weniger hohen Dehngeschwindigkeiten asymptotisch auf einen Grenzwert zwischen 4 und 8%.

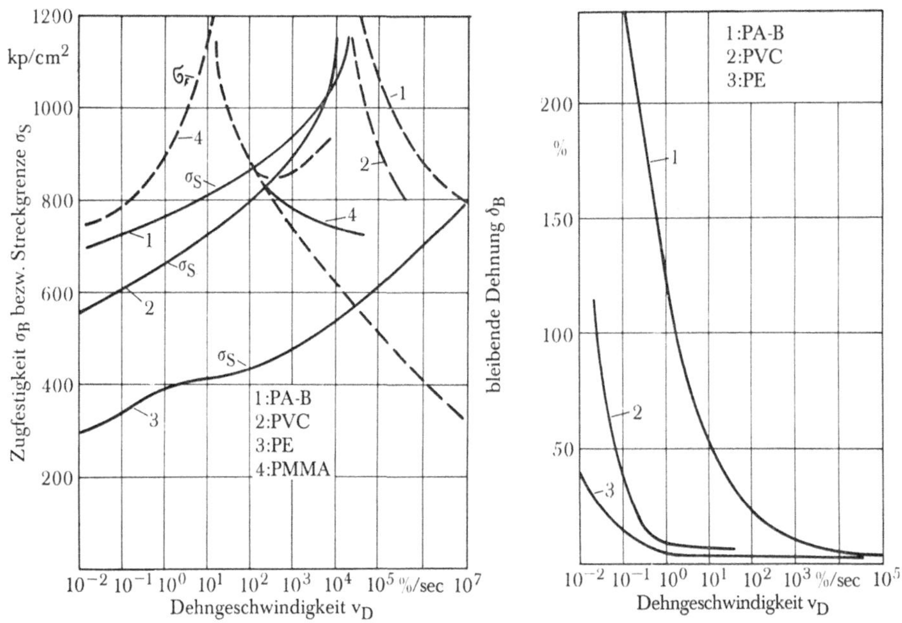

Abb. 64 Abhängigkeit der Streckgrenzenfestigkeit und der bleibenden Dehnung von der Dehngeschwindigkeit für verschiedene Kunststoffe nach Oberbach [17]

Man erkennt hier sehr deutlich, daß mit wachsender Verformungsgeschwindigkeit die Festigkeit der Kunststoffe zunimmt, das Verformungsvermögen nimmt stark ab. Die Werkstoffe verhalten sich zunehmend spröder. Die Spannungs-Dehnungs-Abhängigkeit wird steiler, und die Werkstoffe verhalten sich elastisch.

In Abb. 64 ist außerdem die Abhängigkeit der Zugfestigkeit von der Dehngeschwindigkeit für den sehr spröden Werkstoff Acrylglas aufgenommen. Hier fand Oberbach [17], daß bei Dehngeschwindigkeiten zwischen 10^1 und 10^3 %/sec ein Maximum der Festigkeit vorliegt. Bei weiterer Steigerung der Dehngeschwindigkeit ist ein Abfall der Festigkeit zu verzeichnen.

Das bedeutet, daß bei Dehngeschwindigkeiten $v_D > 10^3$ %/sec bei Acrylglas die Arbeitsaufnahme, die dem Produkt aus Kraft und Verformung entspricht, stark abnimmt, was einer völligen Versprödung bzw. einem Erreichen der Trennfestigkeit gleichkommt. Dabei gilt es zu bemerken, daß die bleibende Dehnung von Acrylglas schon bei Dehngeschwindigkeiten $v_D = 1{,}7 \cdot 10^{-2}$ %/sec unmeßbar klein ist.

Der symbate Verlauf der Kurven für PVC und Polyamid im ansteigenden Ast läst ein entsprechendes Maximum der Festigkeit auch für diese Werkstoffe bei Dehngeschwindigkeiten $v_D > 10^4$ %/sec vermuten, wie es in Abb. 64 durch unterbrochenen Kurvenzug angedeutet ist. Daraus kann man schließen, daß bei den in der Zerspanung vorliegenden Verformungsgeschwindigkeiten, die wie oben angegeben in der Größenordnung von 10^7–10^8 %/sec liegen, diese Werkstoffe ebenfalls durch Erreichen der Trennfestigkeit total verspröden, also ein Verhalten wie Acrylglas, mit lediglich zu höheren Belastungsgeschwindigkeiten verschobenem symbaten Kurvenverlauf aufweisen. Mit dieser geschilderten Abhängigkeit der Festigkeit sind auch wohl die Ausbrüche in der Oberfläche zerspanter Werkstücke zu erklären, die sich bei PVC, PA-B und POM unter bestimmten Grenzbedingungen einstellen, worüber an anderer Stelle berichtet wurde (s. Abschnitt 4,3 und 5,2). Demgegenüber zeigt Polyäthylen bei einer Dehngeschwindigkeit von 10^4 %/sec noch nicht den Steilanstieg der Festigkeit, wie er bei PVC und PA zu verzeichnen ist. Das Festigkeitsmaximum für PE dürfte danach erst bei Dehngeschwindigkeiten $v_D \gg 10^4$ %/sec auftreten. Hierin ist wohl auch der Grund zu suchen, warum Polyäthylen bei den durchgeführten Versuchen keine Oberflächenausbrüche zeigte.

7. Kontrolle der auftretenden Schnittemperaturen

Um einen Überblick über die Größenordnung der bei der Zerspanung von Kunststoffen auftretenden Schnittemperaturen zu erhalten, wurde in Anlehnung an eine Meßanordnung von Küsters [15] die an der Schneide des Drehmeißels auftretende Temperatur gemessen. Die Meßergebnisse sind für einen Spanwinkel von $\gamma = 0°$ in Abb. 65 in Abhängigkeit von der Schnittgeschwindigkeit v und vom Vorschub s aufgetragen.

Mit zunehmender Schnittgeschwindigkeit und mit wachsendem Vorschub steigt die Schnittemperatur an. Diese Steigerung der Schnittemperatur entspricht der Zunahme der Zerspanungsenergie mit wachsender Schnittgeschwindigkeit und steigendem Vorschub. Als wesentliche Einflußgrößen auf die Schnittemperatur sind die aufgewandte Zerspanungsenergie und die thermischen Eigenschaften der Werkstoffe anzusehen. Ein eindeutiger Zusammenhang der Eigenschaftswerte und Arbeitsbedingungen mit der Schnittemperatur konnte jedoch nicht ermittelt werden.

Bei der Bearbeitung von Metallen hat die Schnittemperatur, insbesondere im Hinblick auf den Werkzeugverschleiß, wesentliche Bedeutung. Entsprechend den niedrigen Zerspanungskräften ist dagegen die Schnittemperatur bei der Zerspanung von Kunststoffen relativ gering. Ein Einfluß auf die Werkzeugstandzeit ist zumindest bei Verwendung hartmetallbestückter Werkzeuge nicht gegeben, was z. B. durch die in Abschnitt 1.3 beschriebenen Versuche an Polyvinylchlorid bestätigt wird. Der Einfluß der Temperatur auf den Scher- und Trennvorgang wird, wie in Abschnitt 6 geschildert, durch die Abhängigkeit des Werkstoffverhaltens von der Verformungsgeschwindigkeit ausgeglichen. Wegen der geringen Wärmeleitfähigkeit der Kunststoffe wird das Werkstück nur in einer sehr dünnen Schicht erwärmt, so daß sich der Einfluß der Temperatur auf die Ausbildung des Drehprofils auf sehr kleine Vorschübe erstreckt, bei denen die Schneide vorgewärmte Werkstoffschichten erfaßt (vgl. Abschnitt 5.2 und 5.3). Somit kommt der auftretenden Schnittemperatur beim Drehen von Kunststoffen keine sehr wesentliche Bedeutung zu.

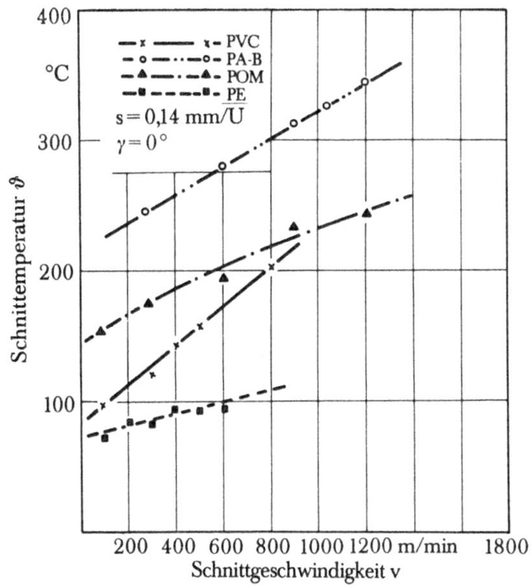

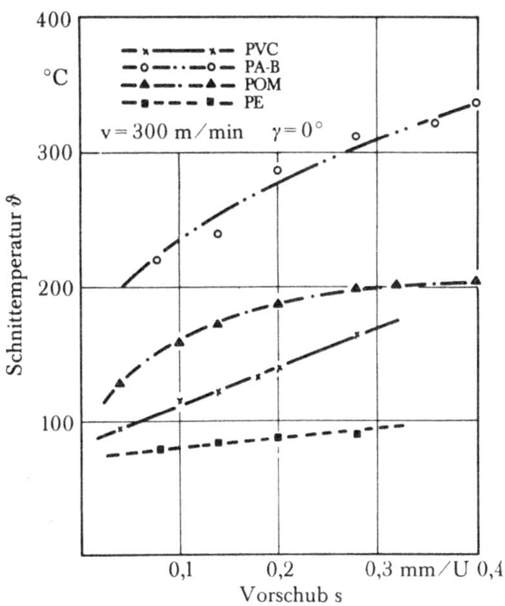

Abb. 65 Schnittemperatur bei der Zerspanung von Kunststoffen in Abhängigkeit von der Schnittgeschwindigkeit und vom Vorschub für die Werkstoffe Polyvinylchlorid, Polyamid, Polyacetalharz und Polyäthylen
Schneidengeometrie: 10 – 0 – 0 – 60 – 90 – 1,0
$a = 2$ mm

8. Zusammenhang der Zerspanungsgrößen Schnittkraft, Zerspanungsenergie und Oberflächengüte mit den Eigenschaften der Werkstoffe

8.1 Die spezifische Hauptschnittkraft in Abhängigkeit von Schnittgeschwindigkeit, Vorschub und Schnittiefe

Es ist bisher wohl bei keinem Werkstoff gelungen, allein auf Grund mechanischer Festigkeitswerte und der Bearbeitungsbedingungen die Hauptschnittkraft zu berechnen. Die zur Berechnung der Schnittkräfte aufgestellten Gleichungen enthalten immer Konstanten und Exponenten, die als Zerspanbarkeitskennzahlen für die jeweiligen Werkstoffe zu ermitteln sind.
Die Hauptschnittkraft ist naturgemäß stark abhängig vom jeweiligen Spanungsquerschnitt. Um brauchbare Vergleichswerte für verschiedene Werkstoffe und damit eine der charakteristischen Größen für die Zerspanbarkeit zu finden, wird die Hauptschnittkraft P_H auf den Spanungsquerschnitt bezogen. Man erhält so die spezifische Hauptschnittkraft k_s gemäß Gl. (1).
In den Abb. 66–70 ist die Abhängigkeit der spezifischen Hauptschnittkraft k_s von der Schnittgeschwindigkeit für verschiedene Vorschübe aufgetragen. Es

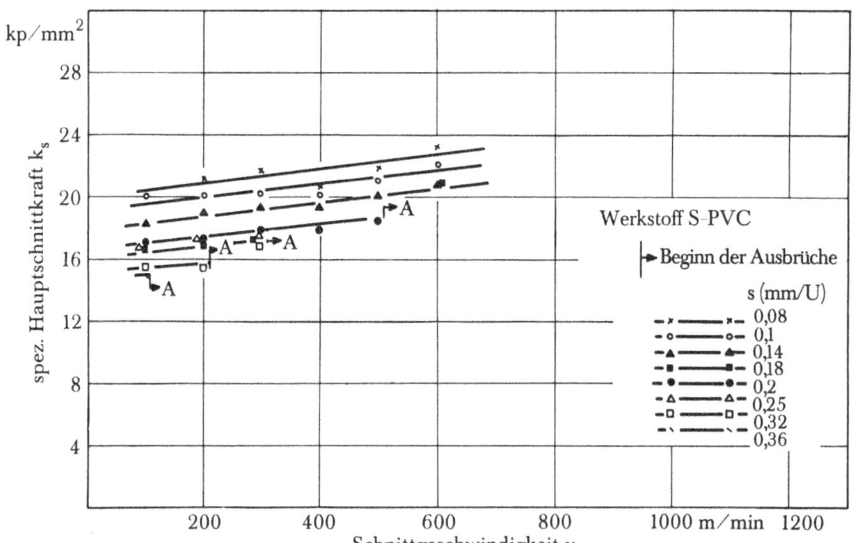

Abb. 66 Abhängigkeit der spezifischen Hauptschnittkraft von der Schnittgeschwindigkeit v für S-PVC
Schneidengeometrie: 10 – 0 – 0 – 60 – 90 – 1,0
$a = 2$ mm

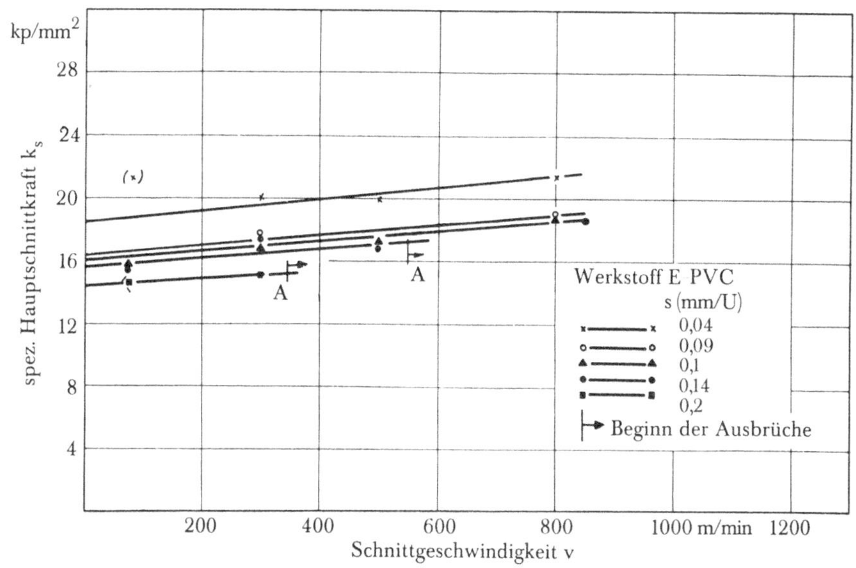

Abb. 67 Abhängigkeit der spezifischen Hauptschnittkraft von der Schnittgeschwindigkeit v für E-PVC
Schneidengeometrie: 10 – 0 – 0 – 60 – 90 – 1,0
$a = 2$ mm

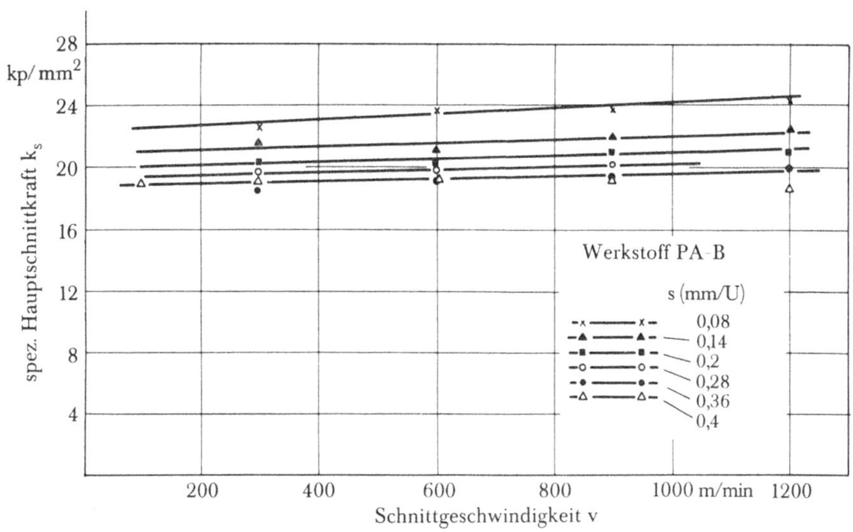

Abb. 68 Abhängigkeit der spezifischen Hauptschnittkraft von der Schnittgeschwindigkeit v für PA-B
Schneidengeometrie: 10 – 0 – 0 – 60 – 90 – 1,0
$a = 2$ mm

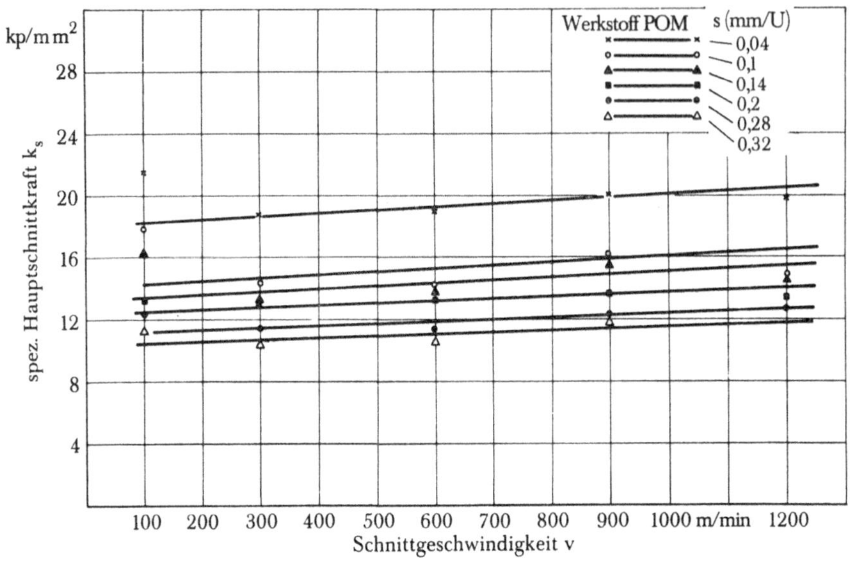

Abb. 69 Abhängigkeit der spezifischen Hauptschnittkraft von der Schnittgeschwindigkeit *v* für POM
Schneidengeometrie: 10 – 0 – 0 – 60 – 90 – 1,0
$a = 2$ mm

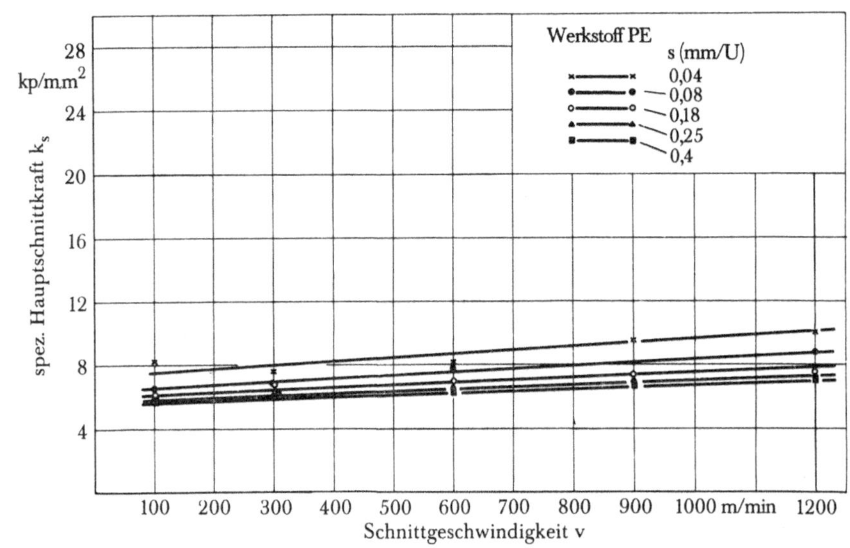

Abb. 70 Abhängigkeit der spezifischen Hauptschnittkraft von der Schnittgeschwindigkeit *v* für PE
Schneidengeometrie: 10 – 0 – 0 – 60 – 90 – 1,0
$a = 2$ mm

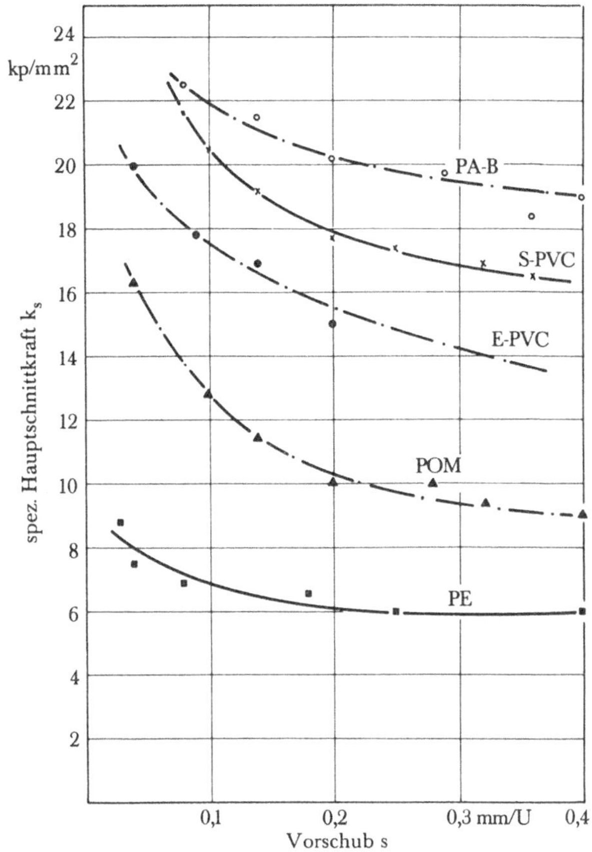

Abb. 71 Spezifische Hauptschnittkraft in Abhängigkeit vom Vorschub s
Schneidengeometrie: 10 – 0 – 0 – 60 – 90 – 1,0
$a = 2$ mm; $v = 300$ m/min

wurden jeweils Werte für sonst gleiche Zerspanungsbedingungen aufgenommen. Der Spanwinkel γ und der Neigungswinkel λ waren gleich 0°. Die Schnittiefe a betrug 2 mm und der Eckenradius r 1 mm.

Bei den genannten Zerspanungsbedingungen steigt die spezifische Hauptschnittkraft k_s mit wachsender Schnittgeschwindigkeit v linear an. Die Steigung der Geraden und somit der Einfluß der Schnittgeschwindigkeit auf die spezifische Hauptschnittkraft sind gering.

Die Abhängigkeit der spezifischen Hauptschnittkraft k_s vom Vorschub s ist in Abb. 71 wiedergegeben. Es ergibt sich für alle Werkstoffe ein hyperbolischer Abfall der spezifischen Hauptschnittkraft mit zunehmendem Vorschub.

Die höchsten Schnittkraftwerte zeigt Polyamid. Es folgen die beiden PVC-Typen, Polyoxymethylen und schließlich Polyäthylen mit den geringsten Zerspanungskräften. Vergleicht man die Werkstoffe nach dem Einfluß des Vorschubes auf die

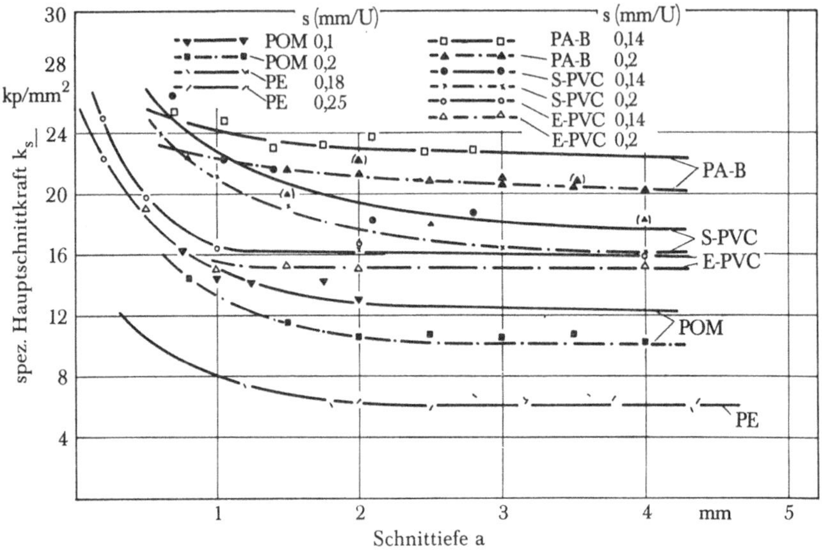

Abb. 72 Abhängigkeit der spezifischen Hauptschnittkraft von der Schnittiefe *a*
Schneidengeometrie: 10 – 0 – 0 – 60 – 90 – 1,0
$v = 300$ m/min

spezifische Hauptschnittkraft, so zeigen die beiden PVC-Typen qualitativ den gleichen Abfall. Eine etwas geringere Abhängigkeit weisen PA und PE auf. Den größten Einfluß auf die Schnittkraftwerte hat der Vorschub bei POM.
Die Abb. 72 zeigt den Einfluß der Schnittiefe *a* auf die spezifische Hauptschnittkraft k_s. Für die verschiedenen Versuchswerkstoffe wurden jeweils zwei Meßreihen für verschiedene Vorschubgrößen aufgenommen.
Die Abhängigkeit der spezifischen Schnittkraft von der Schnittiefe *a* zeigt qualitativ den gleichen hyperbolischen Verlauf wie die Abhängigkeit $k_s = f(s)$ in Abb. 71. Für den jeweiligen Werkstoff laufen die Kurven für verschiedene Vorschubgrößen im Bereich $a = 0{,}5$–$4{,}0$ mm jeweils parallel. Der Einfluß der Schnittiefe ist bei allen Vorschubgrößen gleich.

8.2 Rechnerische Erfassung der Einflüsse der Schnittiefe und des Vorschubs auf die Hauptschnittkraft

In Anlehnung an eine Formulierung von Kienzle kann für die spezifische Hauptschnittkraft die Gleichung

$$k_s = k_{s1.1}\, a^{-y} \cdot s^{-z} \tag{17}$$

als allgemeingültige Beziehung angesetzt werden. Für die Hauptschnittkraft ergibt sich über die Definition

$$P_H = k_s \cdot a \cdot s$$

die Gleichung:

$$P_H = k_{s\,1.1} \cdot a^{1-y} \cdot s^{1-z} \tag{18}$$

wobei die Konstante $k_{s1.1}$ nach KIENZLE den »Hauptwert der spezifischen Schnittkraft« bei einem Spanungsquerschnitt von $a \cdot s = 1$ mm² ergibt.
Die Exponenten $1 - y$ und $1 - z$ geben die Zunahme der Schnittkraft mit steigender Schnittiefe a bzw. wachsendem Vorschub s an.
Bei den in der Metallbearbeitung üblichen Arbeitsbedingungen ist der Einfluß der Schnittgeschwindigkeit auf die Schnittkräfte sehr gering, so daß diese Abhängigkeit im allgemeinen bei der rechnerischen Erfassung der Einflußgrößen vernachlässigt wird. Obwohl bei der Zerspanung thermoplastischer Kunststoffe Schnittgeschwindigkeiten bis zu 1000 bzw. 1500 m/min eingesetzt werden können, liegt auch hier die Zunahme der Schnittkraft im allgemeinen bei maximal 5–10%. Sie kann somit vernachlässigt werden.
Die Ermittlung der Exponenten $1 - y$ und $1 - z$ erfolgt nach dem Schema, wie es am Beispiel S-PVC in Abb. 73 dargestellt ist.

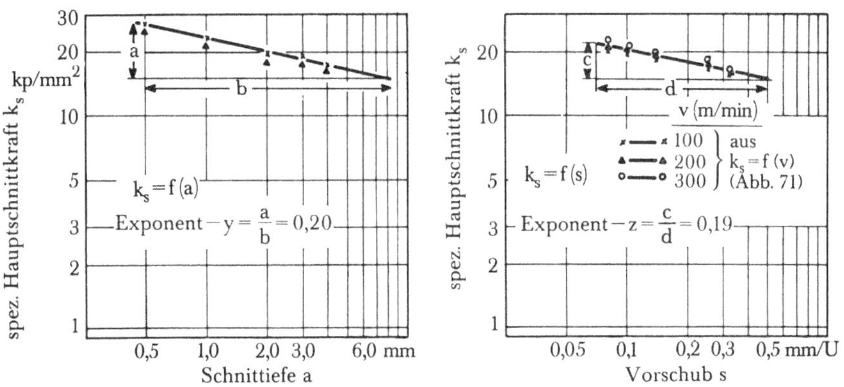

Abb. 73 Schema zur Ermittlung der Exponenten der Hauptschnittkraftsgleichung

Trägt man die Werte der spezifischen Schnittkraft in Abhängigkeit von der Schnittiefe a im doppeltlogarithmischen System auf, so ergeben sich für die jeweiligen Vorschübe parallele Geraden. Die Neigung dieser Geraden ergibt den Wert für den Exponenten y. Entnimmt man den Abb. 66–70 die Werte der spezifischen Hauptschnittkraft, z. B. für $v = 100$ m/min und trägt sie im doppeltlogarithmischen System über dem Vorschub auf, so ergibt sich wiederum eine geeignete Gerade. Die Neigung dieser Geraden gibt den Wert für den Exponenten z an.
Die Konstante $k_{s1.1}$ kann bei Kenntnis der genannten Exponenten aus den Meßwerten rechnerisch ermittelt werden.
In der folgenden Tab. 6 sind für die untersuchten Werkstoffe, die zur Berechnung der Hauptschnittkraft notwendigen Konstanten zusammengestellt.

Tab. 6 Konstanten und Exponenten der Schnittkraftgleichung
$P_H = k_{s1.1} \cdot a^{1-y} \cdot s^{1-z}$ beim Drehen thermoplastischer Kunststoffe

Werkstoff	Hauptwert der spezifischen Schnittkraft $k_{s1.1}$ (kp/mm²)	Exponenten $1-y$	$1-z$
S-PVC	12,75	0,80	0,81
E-PVC	12,8	0,83	0,85
PA-B	16,5	0,89	0,86
POM	9,1	0,85	0,75
PE	5,6	0,88	0,84

Zur Erleichterung der Lösung der Hauptschnittkraftgleichung ist in Abb. 74 ein Nomogramm aufgestellt. Wenn die Konstante $k_{s1.1}$ und die Exponenten bekannt sind, kann die Schnittkraft nach dem zusätzlich aufgezeichneten Schema ermittelt werden.

Aus dem linken Diagramm ergibt sich z. B. für eine Schnittiefe $a = 3{,}5$ mm und dem Exponenten $1 - y$ der Wert 2,7 auf der Leiter – a^{1-y} –. Entsprechend findet man im rechten Diagramm aus dem Vorschub $s = 0{,}14$ mm und dem Exponenten 0,81 auf der Leiter – s^{1-z} – den Wert 0,21.

Verbindet man diese beiden Punkte, so ergibt sich für das Produkt $a^{1-y} \cdot s^{1-z}$ auf der Mittelleiter der Wert 0,8 als Hilfspunkt. Zieht man eine Linie von der

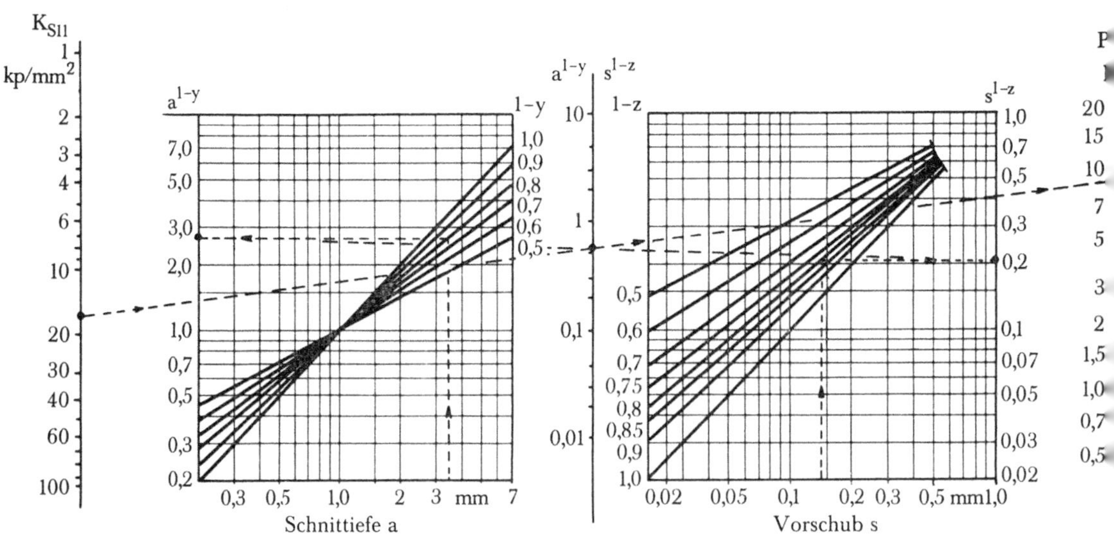

Abb. 74 Nomogramm zur Lösung der Schnittkraftgleichung
$P_H = k_{s1.1} \cdot a^{1-y} \cdot s^{1-z}$

linken Außenleiter – $k_{s1.1}$ – z. B. vom Punkt 16,5 über den Hilfspunkt hinaus bis zur rechten Außenleiter – P_H –, so findet man für die Hauptschnittkraft den Wert $P_H = 9{,}3$ kp.

8.3 Vergleich der Zerspanbarkeitskenngröße und der Verformungsarbeit mit mechanischen Eigenschaftswerten

Dressler [14] hat bei Zerspanbarkeitsuntersuchungen an Automatenstahl einen qualitativen Zusammenhang zwischen der spezifischen Hauptschnittkraft und der Formänderungsarbeit A, die er aus den Größen σ_s (Festigkeit an der Streckgrenze), σ_B (Bruchfestigkeit) und δ_B (Bruchdehnung) ermittelte, aufgezeigt. Er bestimmte dabei die Formänderungsarbeit nach der Gleichung:

$$A = \delta \cdot \frac{\sigma_s + \sigma_B}{2}$$

Der Vergleich zwischen Schnittkraft und Formänderungsarbeit beruht auf der Beschreibung des Spanbildungsprozesses nach verschiedenen Forschern, [8, 24, 25, 26, 29, 34, 36, 44, 45] wonach Größe und Richtung der Schnittkraft im wesentlichen von der Lage der Scherfläche und der Höhe der auftretenden Schubspannungen in der Scherebene abhängig sind. Da der überwiegende Anteil der aufzubringenden Zerspanungsenergie als Formänderungsarbeit beim Durchgang des Werkstoffes durch die Scherebene verbraucht wird, sind für das Zerspanungsverhalten der Werkstoffe weniger die Festigkeitseigenschaften als vielmehr das Formänderungsvermögen kennzeichnend.

Der von Dressler gewählte Ansatz

$$A = \delta_B \cdot \frac{\sigma_s + \sigma_B}{2}$$

gilt für Werkstoffe und Bedingungen, bei denen eine ausgeprägte Fließgrenze auftritt. Die hier untersuchten Kunststoffe zeigen jedoch unter den hohen bei der Zerspanung auftretenden Formänderungsgeschwindigkeiten ein sehr sprödes Verhalten. Für die Ermittlung der Formänderungsarbeit gilt daher die Gleichung

$$A = \frac{\sigma_B \cdot \delta_B}{2}$$

Werden die auftretenden Schnittkräfte mit den üblichen Festigkeitskennwerten der Kunststoffe verglichen, die bei niedrigen Belastungsgeschwindigkeiten ermittelt werden, lassen sie keinen Zusammenhang erkennen. Das gleiche gilt für den von Dressler beschriebenen Vergleich mit der aus σ_s, σ_B und δ_B ermittelten Formänderungsarbeit.

Dagegen läßt ein Vergleich der Scherarbeit E_{so} mit Eigenschaftswerten, die bei Belastungsgeschwindigkeiten ermittelt werden, die den Zerspanungsbedingungen angenähert sind, einen qualitativen Zusammenhang erkennen.
Für drei der hier behandelten Werkstoffe untersuchte OBERBACH das Festigkeits- und Dehnverhalten in Abhängigkeit von Dehngeschwindigkeit und Prüftemperatur. In der folgenden Tab. 7 sind die entsprechenden Werte für die Streckgrenzenfestigkeit, die Bruchdehnung und die spezifische Verformungsarbeit $A = \sigma_B \cdot \frac{\delta}{2} \left(\text{kp/cm}^2 \cdot \frac{\text{cm}}{\text{cm}}\right)$ der spezifischen Scherarbeit E_{so} gegenübergestellt.

Tab. 7 Vergleich der Formänderungsarbeit bei hohen Belastungsgeschwindigkeiten mit spezifischer Scherarbeit bei der Zerspanung

Werkstoff	Streckgrenzenfestigkeit σ_s (kp/cm²)	Bruchdehnung δ_B $\left(\frac{\text{cm}}{\text{cm}}\right)$	Elastische Formänderungsarbeit A $\left(\frac{\text{kp/m}}{\text{cm}^3}\right)$	Spez. Scherarbeit E_{so} $\left(\frac{\text{kp/m}}{\text{cm}^3}\right)$	Vergleichszahlen V_A %	V_{Eso} %
Polyamid	950	0,08	38	34,6	100	100
Polyvinylchlorid	940	0,06	28,5	26,2	75	76
Polyäthylen	480	0,04	9,6	10,1	25,7	29

Als Vergleichszahlen sind die Werte für A und E_{so} jeweils in Relation zum Höchstwert (Wert für Polyamid) gesetzt und in % eingetragen.

$$V_A = \frac{A_{\text{Werkstoff}}}{A_{\text{Polyamid}}} \cdot 100\,(\%) \quad \text{bzw.} \quad V_{Eso} = \frac{E_{so\ \text{Werkstoff}}}{E_{so\ \text{Polyamid}}} \cdot 100\,(\%)$$

Wenn die Schnittkräfte, wie oben ausgeführt, insbesondere durch die Verformungsarbeit in der Scherebene bestimmt werden, liegt zudem ein Vergleich der auftretenden Schnittkräfte mit dem Schubmodul, der das Formänderungsverhalten für diesen Belastungsfall kennzeichnet, nahe.
So sind in Tab. 8 die Schubmodulwerte der Werkstoffe den Hauptwerten der spezifischen Schnittkraft gegenübergestellt. Als Vergleichszahlen sind wieder die Relationen zu den Höchstwerten (Werte für Polyamid) in % eingetragen.
In den beiden Vergleichsfällen ist ein qualitativer Zusammenhang zwischen der Schnittkraft und den Eigenschaftswerten gegeben.
Die Ermittlung eines quantitativen Zusammenhanges zwischen der Hauptschnittkraft als Zerspanungskenngröße und Eigenschaftswerten der Werkstoffe scheitert an der Tatsache, daß die vorliegenden Eigenschaftswerte bei Bedingungen ermittelt wurden, die den Zerspanungsbedingungen keineswegs entsprechen. Die Belastungsgeschwindigkeiten bei der Zerspanung liegen um mehrere Zehnerpotenzen über den üblichen Prüfgeschwindigkeiten. Eine Gegenüberstellung der

Tab. 8 Vergleich der Schubmoduln mit den Hauptwerten der spezifischen Schnittkraft

Werkstoff	Schub-modul G (kp/cm²)	Hauptwert der spez. Schnittkraft $k_{s1.1}$ (kp/mm²)	Vergleichs-zahlen V_G	$V_{ks1.1}$
Polyamid	10 800	16,45	100	100
Polyvinylchlorid (Suspensionspolymerisat)	9 000	12,35	83	77
Polyvinylchlorid (Emulsionspolymerisat)	9 000	12,8	83	78
Polyoxymethylen	6 500	9,1	59,5	55
Polyäthylen	2 800	5,9	30,0	35,7

Schnittkraftwerte und der von OBERBACH ermittelten Abhängigkeit der Eigenschaften von der Belastungsgeschwindigkeit zeigt jedoch, daß ein qualitativer Vergleich von Zerspanungskenngrößen und Eigenschaftswerten möglich ist.
Die hier für thermoplastische Kunststoffe aufgezeigten Zusammenhänge gelten im Prinzip auch für einen Vergleich zwischen Zerspanungsgrößen und Eigenschaftswerten bei Metallen. So berichtet z. B. SIEBEL [39] über den Verformungsmechanismus vielkristalliner Werkstoffe, wonach Temperatur und Formänderungsgeschwindigkeit auch bei diesen Werkstoffen wesentlichen Einfluß auf das Form-

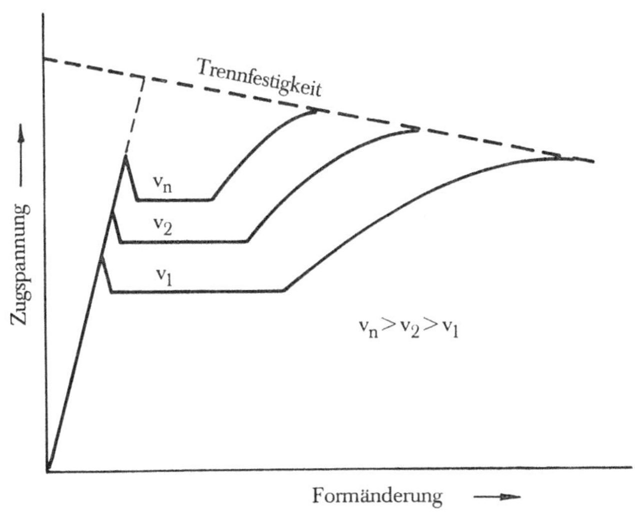

Abb. 75 Einfluß der Formänderungsgeschwindigkeit auf das Spannungsdehnungsverhalten von Stahl (schematisch)

änderungsverhalten haben. Dies zeigen die Untersuchungen von SIEBEL und MENGES [40] über das Sprödbruchverhalten von Metallen bei hohen Beanspruchungsgeschwindigkeiten und abgesenkten Temperaturen. Sie lassen theoretisch einen ähnlichen Verlauf der Festigkeitsabhängigkeit von der Formänderungsgeschwindigkeit vermuten, wie sie OBERBACH bei Kunststoffen – insbesondere eindeutig bei Acrylglas – gefunden hat.

Das Verhalten der Metalle bei unterschiedlichen Formänderungsgeschwindigkeiten ist in Abb. 75 schematisch dargestellt. Mit steigender Formänderungsgeschwindigkeit v_D nimmt die Festigkeit an der Streckgrenze zu, das Fließvermögen dagegen nimmt ab.

Während bei Kunststoffen gemäß Abb. 6 mit steigender Belastungsgeschwindigkeit auch der Elastizitätsmodul zunimmt, bleibt dieser bei Metallen dagegen unverändert.

8.4 Zusammenhang der minimal erzielbaren Oberflächenrauhigkeit mit Eigenschaftswerten

Zwischen der sich aus der Schneidengeometrie und dem Vorschub ergebenden theoretischen Rauhtiefe und dem tatsächlichen Drehprofil bestehen z. T. erhebliche Unterschiede, die nach BRAMMERTZ [21] auf ein Ausweichen des Zerspanungswerkstoffes vor der Schneide zurückzuführen sind. Durch dieses Ausweichen des Werkstoffes bilden sich Spanzipfel, die elastisch verformt werden und sich nach Passieren der Schneide zurückstellen. Kennzeichnend für die Größe der Spanzipfel ist die Mindestspandicke, bei der gerade noch ein Span abgehoben wird. Die Mindestspandicke wiederum ist abhängig vom Verformungsverhalten der Zerspanungswerkstoffe.

Dieser Einfluß des Werkstoffverhaltens und der Mindestspandicke auf die tatsächliche Oberflächenrauhigkeit gilt nach BRAMMERTZ gleichermaßen für die erzielbare minimale Rauhtiefe.

Als wesentliche Einflußgrößen auf die Mindestspandicke und damit auf die minimale Rauhtiefe können das elastische Verhalten des Zerspanungswerkstoffes – gekennzeichnet durch den Elastizitätsmodul – und die Festigkeit des Zerspanungswerkstoffes – gekennzeichnet durch die Zugfestigkeit an der Streckgrenze – angesehen werden. Maßgebend für die Mindestspandicke ist der elastische Anteil der Verformung. Betrachtet man Werkstoffe gleicher Elastizität, d. h. mit gleichem Elastizitätsmodul, so ist die elastische Verformung der Streckgrenzenfestigkeit proportional. Geht man von gleicher Streckgrenzenfestigkeit aus, so ist die elastische Verformung dem Elastizitätsmodul umgekehrt proportional. Diese Folgerung legt einen Vergleich der Rauhtiefenwerte mit dem Faktor σ_s/E nahe. Stellt man den Faktor σ_s/E für die jeweiligen Werkstoffe den geringsten erzielten Rauhtiefen R_{tq} für den Spanwinkel $\gamma = 0°$ und den Eckenradius $r = 1{,}0$ mm gegenüber, so ergibt sich für beide Größen die gleiche Rangfolge (s. Tab. 9).

Tab. 9 Vergleich von Eigenschaftswerten mit den minimalen Rauhtiefenwerten für den Spanwinkel $\gamma = 0°$ und einen Eckenradius $r = 1{,}0$ mm

Werkstoff	Zug-festigkeit σ_B (kp/cm²)	Elastizitäts-modul E (kp/cm²)	$\frac{\sigma_B}{E} \cdot 10^{-2}$	$R_{tq\,min}$
Polyvinylchlorid (PVC)	570	30 000	2,05	2,0
Polyamid (PA-B)	800	24 000	3,0	6,0
Polyoxymethylen (POM)	630	30 000	2,1	2,2
Polyäthylen (PE)	200	8 000	2,5	2,8

Der Einfluß der auftretenden Schnittemperatur beschränkt sich auf sehr kleine Vorschübe. Er ist zwar entscheidend für die untere Bearbeitungsgrenze der Werkstoffe, hat aber keinen Einfluß auf die minimal erzielbare Oberflächenrauhigkeit.

9. Zusammenfassung

Im Rahmen der vorliegenden Arbeit wurden Untersuchungen über das Zerspanungsverhalten thermoplastischer Kunststoffe durchgeführt. Dabei wurden für die Werkstoffe Polyvinylchlorid (PVC), Polyamid (PA-B), Polyacetalharz (POM) und Polyäthylen (PE) die günstigsten Werkzeugabmessungen und Arbeitsbedingungen für das Drehen dieser Werkstoffe ermittelt. Als Beurteilungskriterien wurden insbesondere die erzielte Oberflächengüte und die auftretende Schnittkraft herangezogen.

9.1 Ermittlung optimaler Werkzeugabmessungen und Arbeitsbedingungen

Für das Feindrehen ergeben sich auf Grund der geringsten erzielbaren Oberflächenrauhigkeit die in Tab. 10 zusammengestellten optimalen Werkzeugabmessungen und Arbeitsbedingungen:
Die geringsten erzielten Oberflächenrauhigkeiten betrugen unter diesen Bedingungen für Polyvinylchlorid $R_{tq} = 3\ \mu m$, für Polyamid $R_{tq} = 4\ \mu m$, Polyacetalharz $R_{tq} = 2\text{–}2{,}5\ \mu m$ und Polyäthylen $R_{tq} = 3\ \mu m$.
Der Bereich für die möglichen Arbeitsbedingungen beim Schruppen kann naturgemäß weiter gefaßt werden. Er wird lediglich durch die an der Oberfläche des Werkstückes auftretenden Ausbrüche begrenzt. Dabei stehen Vorschub und Schnittgeschwindigkeit in einer Wechselbeziehung, da sich die genannte Bearbeitungsgrenze mit wachsendem Vorschub zu niedrigeren Schnittgeschwindigkeiten verschiebt. Die möglichen Arbeitsbedingungen für das Schruppen sind ebenfalls in Tab. 10 zusammengestellt.

9.2 Untersuchung des Zerspanungsverhaltens

An Hand von Untersuchungen im orthogonalen Schnitt wurde das Zerspanungsverhalten der Versuchswerkstoffe untersucht. Gleichzeitig wurde überprüft, ob die für die Bearbeitung metallischer Werkstoffe aufgestellten Zerspanungstheorien auch auf die hier untersuchten thermoplastischen Kunststoffe anwendbar sind. Diese Fragestellung ergibt sich insbesondere aus der starken Abhängigkeit der Werkstoffeigenschaften von der Temperatur und den relativ niedrigen Erweichungs- und Schmelztemperaturen dieser Werkstoffe.
Die Versuchsergebnisse zeigen, daß der Einfluß der Temperatur auf das Formänderungsverhalten der Kunststoffe durch die hohen bei der Zerspanung auf-

Tab. 10 Zusammenstellung günstiger Werkzeugabmessungen und Arbeitsbedingungen für das Feindrehen und Schruppen von Polyvinylchlorid, Polyamid-B, Polyacetalharz und Polyäthylen

Werkstoff	Schneidengeometrie				Feindrehen Arbeitsbedingungen		Minimal erreichte Rauhtiefe	Schruppen Arbeitsbedingungen	
	α (°)	γ (°)	λ (°)	r (mm)	s mm/U	v m/min	R_{tq} μm	s mm/U	v m/min
Polyvinylchlorid (PVC)	10	0	0–2	1–3	0,14–0,18	300– 500	3	0,20 0,24 0,32 $>$ 0,32	500 300 200 150
Polyamid (PA-B)	10	30	0–2	1–3	0,12–0,14	600–1000	4	0,16 0,2 0,28 $>$ 0,28	1200 900 600 500
Polyacetalharz (POM)	10	15	0–2	1–3	0,08–0,1	100– 600	2–2,5	0,28 0,32 $>$ 0,32	1200 900 800
Polyäthylen (PE)	10	30	0–2	1–3	0,06–0,09	700–1000	3	im Bereich bis s = 0,4 mm/U und v = 1500 m/min treten keine Ausbrüche auf	

tretenden Formänderungsgeschwindigkeiten ausgeglichen wird. Auch thermoplastische Kunststoffe zeigen unter den auftretenden Bedingungen wie die Metalle elastisch-plastisches Verhalten, so daß auch für diese Werkstoffe der Spanbildungsprozeß als Verformungsvorgang in einer eng begrenzten Scherzone beschrieben werden kann. Dies beweisen die plastographischen Untersuchungen an Spänen teilkristalliner Werkstoffe, die eine eindeutige Analogie der Spanbildung bei Metallen und Kunststoffen zeigen. Die für Metalle aufgestellten Gesetze über die Lage dieser Scherzone lassen sich ebenso auf thermoplastische Kunststoffe anwenden.

9.3 Abgrenzung der Zerspanungskenngrößen und ihr Zusammenhang mit Eigenschaftswerten

Die wesentlichen Zerspanungskenngrößen für die Bearbeitung von Kunststoffen sind die erzielbare Oberflächengüte und die auftretenden Schnittkräfte. Das für Metalle sehr bedeutende Kriterium der Werkzeugstandzeit hat bei der Bearbeitung von Kunststoffen keine Bedeutung, da die auftretenden Schnittemperaturen gering sind. Zudem tritt kein wesentlicher mechanischer Verschleißangriff auf.
Die bei der Zerspanung auftretende Temperatur wirkt sich lediglich auf die Form und Größe des Drehprofils aus. Dabei beschränkt sich dieser Einfluß auf sehr kleine Vorschübe. Die Oberflächenrauhigkeit wird insbesondere vom Spanwinkel γ, dem Eckenradius r und dem eingestellten Vorschub s beeinflußt. Der Spanwinkel γ wirkt sich auf den Spanbildungsvorgang – d. h. die Kraftangriffs- und Spannungsverhältnisse in der Spanbildungszone – und damit auf die Oberflächenqualität aus. Der Eckenradius r und der Vorschub s stehen in geometrischem Zusammenhang. Mit Steigerung des Eckenradius r vergrößert sich im allgemeinen der Vorschubbereich, in dem geringste absolute Rauhigkeitswerte erzielt werden. Infolge der Abhängigkeit des Werkstoffverhaltens von der Formänderungsgeschwindigkeit stellen sich bei überkritischen Arbeitsbedingungen Oberflächenausbrüche ein. Die Grenze der möglichen Arbeitsbedingungen verschiebt sich mit dem Vorschub und der Schnittgeschwindigkeit. Dabei ist der Vorschub maßgebend für die wirksame Schnittkraft. Die Schnittgeschwindigkeit bestimmt die Höhe der Grenzfestigkeit. Somit stehen Vorschub und Schnittgeschwindigkeit in einer Wechselbeziehung.
Die auftretenden Schnittkräfte sind insbesondere abhängig vom Spanwinkel γ, vom Vorschub s und von der Schnittiefe a. Dabei nimmt die Hauptschnittkraft mit wachsendem Spanwinkel ab. Der Neigungswinkel hat im Bereich zwischen $-5° < \lambda < +5°$ praktisch keinen Einfluß auf die Hauptschnittkraft. Mit wachsendem Vorschub s bzw. steigender Schnittiefe nimmt die Hauptschnittkraft linear zu. Bei Verdoppelung dieser Größen steigt die Hauptschnittkraft im Mittel um 60–90%. Dagegen ist der Einfluß der Schnittgeschwindigkeit auf die Hauptschnittkraft bei allen Werkstoffen gering. Ihre Zu- bzw. Abnahme beträgt bei Verdoppelung der Schnittgeschwindigkeit im Mittel nur etwa 5–10%.

Für die Schnittkraft, die notwendige Zerspanungsenergie und die geringste erzielbare Oberflächengüte konnte ein qualitativer Zusammenhang mit Eigenschaftswerten gefunden werden. Danach ist die Größenordnung des Hauptwertes der spezifischen Schnittkraft $k_{s1.1}$ mit dem Schubmodul G vergleichbar, die spezifische Scherarbeit bei der Zerspanung steht in Relation zur Formänderungsarbeit bei einachsiger Zugbelastung, wobei jedoch Festigkeits- und Dehnungswerte zugrunde gelegt werden müssen, die bei den Zerspanungsbedingungen angenäherten Prüfgeschwindigkeiten ermittelt wurden. Die erzielbare Oberflächenrauhigkeit steht in Beziehung zu dem Faktor $\frac{\sigma_s}{E}$, dem Quotienten aus Streckgrenzenfestigkeit σ_s und Elastizitätsmodul E.

Die hier gefundenen Zusammenhänge deuten darauf hin, daß eine vergleichende Beurteilung der Zerspanbarkeit thermoplastischer Kunststoffe auf Grund ihrer mechanischen Kennwerte möglich ist.

Literaturverzeichnis

Bücher:

[1] CARLOWITZ, B., Kunststoff-Tabellen. F. Schiffmann oHG, Bensberg-Frankenhorst 1963.
[2] HAGEN, H., und H. DOMININGHAUS, Polyäthylen und andere Polyolefine. 2. Aufl., Verlag Brunke-Garrels, Hamburg 1961.
[3] HOLZMÜLLER, K., und ALTENBERG, Physik der Kunststoffe. Akademie-Verlag, Berlin 1961.
[4] KREKELER, K., Die Zerspanbarkeit der Werkstoffe. 3. Aufl., Springer-Verlag, 1949.
[5] KREKELER, K., Zerspanbarkeit der metallischen und nichtmetallischen Werkstoffe. Springer-Verlag, 1951
[6] KREKELER, K., und G. WICK, Kunststoff-Handbuch, Bd. Polyvinylchlorid. Teil 1 und 2, Hanser-Verlag, München 1964.
[7] KUSKE, A., Verfahren der Spannungsoptik. Deutscher Ingenieurverlag GmbH, Düsseldorf 1951.
[8] KRONENBERG, M., Grundzüge der Zerspanungslehre. 1. Bd. 1954, Springer-Verlag, Berlin.
[9] MEISSNER, J., Rheologische Grundlagen der Verarbeitung von Polystyrol. Kunststoff-Handbuch, Band Polystyrol, Abschnitt 3.1, Hanser-Verlag, München (erscheint in Kürze).
[10] NITSCHE und WOLF, Kunststoffe. Bd. I, Springer-Verlag, Berlin 1962.
[11] SAECHTLING, H. J., und W. ZEBROWSKI, Kunststoff-Taschenbuch. 16. Aufl., C. Hanser-Verlag, München 1965.
[12] SCHULZ, G., Die Kunststoffe. 2. Aufl., Hanser-Verlag, München 1964.
[13] ZICKEL, H., Das spanabhebende Bearbeiten der Kunststoffe. Schriftenreihe: Kunststoffverarbeitung, Bd. 4, 2. Aufl., 1961, Hanser-Verlag, München.

Dissertationen:

[14] DRESSLER, H. W., Einflußgrößen auf die Zerspanbarkeit von Automatenstahl. Diss., TH Aachen, 1964.
[15] KÜSTERS, Temperaturen im Schneidkeil der Werkzeuge. Diss., TH Aachen, 1956.
[16] MEYER, K. F., Vorschub- und Rückkräfte beim Drehen mit Hartmetallwerkzeugen. Diss., TH Aachen, 1964.
[17] OBERBACH, K., Das Verhalten von Kunststoffen unter verschiedener Prüfgeschwindigkeit bei Zugbeanspruchung. Entwicklung und Anwendung einer Prüfmaschine zur Erzeugung hoher Belastungsgeschwindigkeiten. Diss., TH Aachen, 1965.

Forschungsberichte

[18] Opitz, H., und M. Gappisch, Aufbauschneidenbildung bei der spanabhebenden Bearbeitung. Forschungsberichte des Landes NRW Nr. 1405, Westdeutscher Verlag, Köln und Opladen 1964.

[19] Schallbroch, H., und P. v. Doderer, Zerspanbarkeitsuntersuchungen an geschichteten »Kunstharzpreßstoffen«. Berichte über Betriebswissenschaftliche Arbeiten, Bd. 15, VDI-Verlag, 1943.

Tagungsbericht:

[20] Müller, F. H., Abhängigkeit der Eigenschaften Hochpolymerer von der Vorgeschichte des Materials. Vorträge und Diskussionen der 3. Marburger Diskussionstagung. Dr. D. Steinkopf-Verlag, Darmstadt 1959.

Zeitschriften:

[21] Brammertz, P. H., Die Entstehung der Oberflächenrauheit beim Feindrehen. Ind.-Anz. 83 (1961), S. 25–32.

[22] Carlyon, G. C., To mold or to machine that is the question. Modern Plastics, Vol. 38 (Okt. 1960), S. 90–92 und 185.

[23] Carlyon, G. C., Machining the thermoplastics. Modern Plastics Encyklopedia 42 (1964/65), S. 728–731.

[24] Dohmen, H. G., Zusammenfassung und Vergleich der zerspanungsmechanischen Theorien. Ind.-Anz. 87 (1965), S. 839–844.

[25] Fleck, R., Zusammenhang zwischen Schnittkraft, Spanbildung und Verschleiß. Ind.-Anz. 81 (1959), S. 291–294.

[26] Hucks, H., Plastizitätsmechanische Theorie der Spanbildung. Werkstatt und Betrieb 85 (1952), S. 1–6.

[27] Jakobi, H. R., Neue Erkenntnisse über Gleiteigenschaften von Polyamiden. Kunststoffe 47 (1957), S. 234–239.

[28] Kienzle, O., Die Bestimmung von Kräften und Leistungen an Werkzeugen und Werkzeugmaschinen. Z – VDI 94 (1952), S. 299–305.

[29] Kobayashi, A., Machining Plastics, Part 1–7. Modern Plastics 41 (1963), Heft 7–12; 42 (1964), Heft 1.

[30] Kobayashi, A., und K. Saito, On the cutting mechanism of high polymers. Journal of Polymer Science, Vol. 58 (1962), S. 1377–1395.

[31] Kohlhage, E. H., Die Werkstückgenauigkeit in der spanenden Fertigung. Ind.-Anz. 85 (1963), S. 521–526.

[32] Krekeler, K., Über den Stand des Messens der Oberflächenbeschaffenheit. Eisen- und Metallverarbeitung (1949), S. 461–464.

[33] Lawrentjev, W., Die äußere Reibung harter Polymerer. Plaste und Kautschuk 10 (1963), S. 72–75.

[34] Merchant, M. E., Mechanics of the Metal Cutting Process. Journal of Applied Physics 16 (1945), S. 267–275.

[35] Olsen, B., Erfahrungen mit der Nachbehandlung von Polyamid-Formteilen. Kunststoffe 46 (1956), S. 131–134 und 540–544.

[36] Opitz, H., und H. Hucks, Der Zerspanungsvorgang als Problem der Mohr'schen Gleitflächentheorie für den zwei- und dreidimensionalen Spannungszustand. Werkstattechnik und Maschinenbau 43 (1953), S. 253–260.

[37] Reznikov, A. N., Wärmephysikalische Berechnungen und Messungen beim Drehen von Metallen und Kunststoffen. Übersetzung aus: Vestnikmašinostrojenija 43 (1943), 11, S. 29–35.

[38] Reznikov, A. N., und Cirulina, Schnittkräfte und Oberflächengüte beim Drehen von Kunststofferzeugnissen mit hohem Genauigkeitsgrad. Übersetzung aus: Plastmassy 5 (1963), S. 36–40.

[39] Siebel, E., Werkstoffmechanik. Z-VDI 94 (1952), S. 465–471.

[40] Siebel, E., und G. Menges, Entwicklung einer Versuchseinrichtung zur Ermittlung der Sprödbruchneigung bei hohen Beanspruchungsgeschwindigkeiten. Auszug aus Diss. G. Menges, TH Stuttgart, 1955, Archiv für Eisenhüttenleute 28 (1957), S. 31–39.

[41] Schmidt, H., Acetalpolymerisat – ein Werkstoff für technische Anwendungen. Ausgabe Kunststoffe und Kunststoffverarbeitung, Ind.-Anz. 86 (1964), S. 72–75.

[42] Schmidt, H., und H. Geyer, Konstruieren mit Acetalpolymerisat. Kunststoffe 54 (1964), S. 282–290.

[43] Timm, F., Plastomere – Elastomere – Duromere. Das Eigenschaftsbild hochpolymerer Werkstoffe als Grundlage einer Einteilung und Definition. Kautschuk und Gummi 14 (1961), S. 233–247.

[44] Thomsen, E. G., E. Schaller und H. G. Dohmen, Anwendung der Plastizitätsmechanik auf den Zerspanungsvorgang. Ind.-Anz. 85 (1963), S. 967–974.

[45] Vieregge, G., Die Energieverteilung und die Temperatur bei der Zerspanung. Werkstatt und Betrieb 86 (1963), S. 691–703.

[46] N. N., Choix des paramètres d'usinage des matières plastiques. L'usine nouvelle 1965, Nr. 15, S. 125, 127, 129 und 130; Nr. 16, S. 123–126.

Firmenmitteilungen:

[47] Förster, F., Polyamid-Spritzgußteile mit gleichmäßig feinkristallinem Gefüge. Mitteilung aus dem Ku-Ro-Labor der Anwendungstechnischen Abteilung der BASF (1957).

[48] Jakobi, H. R., Festigkeit und Gefüge von Kunststoffen. Mitteilung aus dem Ku-Ro-Labor der Anwendungstechnischen Abteilung der BASF (1959).

[49] Peukert, H., Grundlagen der Kunststofftechnik. Artikelfolge in den Bekacite-Nachrichten (Hausmitteilungen der Reichold-Chemie, Hamburg).

[50] N. N., Reibungskoeffizienten von Polyamiden bei verschiedenen Temperaturen. Unveröffentlichte Mitteilung der Rhodiaceta, Dep. Nylon (1956).

FORSCHUNGSBERICHTE DES LANDES NORDRHEIN-WESTFALEN

Herausgegeben im Auftrage des Ministerpräsidenten Dr. Franz Meyers vom Landesamt für Forschung, Düsseldorf

FERTIGUNG

HEFT 11
Laboratorium für Werkzeugmaschinen und Betriebslehre der Rhein.-Westf. Technischen Hochschule Aachen
Untersuchungen über Metallbearbeitung im Fräsvorgang mit Hartmetallwerkzeugen und negativem Spanwinkel. S. 6–24
Weiterentwicklung des Schleifverfahrens für die Herstellung von Präzisionswerkstücken unter Vermeidung hoher Temperaturen. S. 25–47
Untersuchung von Oberflächenveredlungsverfahren zur Steigerung der Belastbarkeit hochbeanspruchter Bauteile. S. 48–68
1952. 71 Seiten, 61 Abb. DM 15,75

HEFT 47
Prof. Dr.-Ing. habil. Karl Krekeler, Aachen
Versuche über die Anwendung der induktiven Erwärmung zum Sintern von hochschmelzenden Metallen sowie zur Anlegierung und Vergütung von aufgespritzten Metallschichten mit dem Grundwerkstoff
1953. 56 Seiten, 39 Abb., 11 Tabellen. DM 13,90

HEFT 53
Prof. Dr.-Ing. Herwart Opitz, Aachen
Reibwert und Verschleißmessungen an Kunststoffgleitführungen für Werkzeugmaschinen
1954. 38 Seiten, 18 Abb. Vergriffen

HEFT 66
Dr.-Ing. Peter Füsgen VDI, Düsseldorf
Untersuchungen über das Auftreten des Ratterns bei selbsthemmenden Schneckengetrieben und seine Verhütung
1954. 22 Seiten, 5 Abb. DM 6,60

HEFT 86
Prof. Dr.-Ing. Herwart Opitz, Aachen
Untersuchungen über das Fräsen von Baustahl sowie über den Einfluß des Gefüges auf die Zerspanbarkeit
1954. 95 Seiten, 73 Abb., 7 Tabellen. DM 22,—

HEFT 99
Prof. Dr. G. Garbotz, Aachen
Der Kraft- und Arbeitsaufwand sowie die Leistungen beim Biegen von Bewehrungsstählen in Abhängigkeit von den Abmessungen, den Formen und der Güte der Stähle (Ermittlung von Leistungsrichtlinien)
1955. 122 Seiten, 53 Abb., 3 Anlagen, 18 Tabellen. DM 30,—

HEFT 101
Prof. Dr.-Ing. Herwart Opitz, Aachen
Wirtschaftlichkeitsbetrachtungen beim Außenrundschleifen
1954. 86 Seiten, 5 Abb., 3 Tabellen. DM 19,30

HEFT 112
Prof. Dr.-Ing. Herwart Opitz, Aachen
Verschleißmessungen beim Drehen mit aktivierten Hartmetallwerkzeugen
1954. 29 Seiten, 17 Abb., 6 Tabellen DM 8,80

HEFT 135
Prof. Dr.-Ing. habil. Karl Krekeler und Dr-Ing. Heinz Peukert, Institut für Kunststoffverarbeitung in Industrie und Handwerk an der Rhein.-Westf. Technischen Hochschule Aachen
Die Änderung der mechanischen Eigenschaften thermoplastischer Kunststoffe durch Warmrecken
1955. 37 Seiten, 27 Abb. DM 11,10

HEFT 207
Prof. Dr.-Ing. Herwart Opitz, Dipl.-Ing. K. H. Fröhlich und Dipl.-Ing. Henning Siebel, Aachen
Richtwerte für das Fräsen von unlegierten und legierten Baustählen mit Hartmetall. I. Teil
1956. 38 Seiten, 27 Abb., 3 Tabellen. DM 11,10

HEFT 215
Prof. Dr.-Ing. Herwart Opitz und Dr.-Ing. G. Weber, Aachen
Einfluß der Wärmebehandlung von Baustählen auf Spanentstehung, Schnittkraft- und Standzeitverhalten
1956. 70 Seiten, 30 Abb., 11 Tabellen. DM 18,40

HEFT 232
Prof. Dr.-Ing. Otto Kienzle, Hannover, und Dr.-Ing. Hermann Münnich, Schweinfurt
Feststellungen der Spannungen und Dehnungen und Bruchdrehzahlen der unter Fliehkraft und Bearbeitungskraft beanspruchten Schleifkörper
1957. 122 Seiten, 67 Abb., 12 Tabellen. DM 31,35

HEFT 245
Prof. Dr.-Ing. habil. Karl Krekeler, Institut für Kunststoffverarbeitung in Industrie und Handwerk an der Rhein.-Westf. Technischen Hochschule Aachen
Das Verbinden von Metallen durch Kunstharzkleber. Teil I: Eigenschaften und Verwendung der Metallklebstoffe
1956. 38 Seiten, 8 Abb. Vergriffen

HEFT 246
Prof. Dr.-Ing. habil. Karl Krekeler, Institut für Kunststoffverarbeitung in Industrie und Handwerk an der Rhein.-Westf. Technischen Hochschule Aachen
Das Verbinden von Metallen durch Kunstharzkleber. Teil II: Untersuchungen an geklebten Leichtmetall-Verbindungen
1957. 70 Seiten, 40 Abb. DM 17,50

HEFT 262
Dr.-Ing. Wilhelm Batel, Aachen
Untersuchungen zur Absiebung feuchter, feinkörniger Haufwerke und Schwingsieben
1956. 79 Seiten, 45 Abb., 22 Diagramme, 5 Tabellen. DM 23,40

HEFT 271
Prof. Dr.-Ing. Herwart Opitz und Dipl.-Ing. Heinrich Axer, Aachen
Beeinflussung des Verschleißverhaltens bei spanenden Werkzeugen durch flüssige und gasförmige Kühlmittel und elektrische Maßnahmen
1956. 34 Seiten, 28 Abb. DM 10,70

HEFT 284
Prof. Dr. phil. Franz Wever, Dr.-Ing. Hans-Joachim Wiester, Dr.-Ing. Friedrich-Werner Straßburg, Prof. Dr.-Ing. Herwart Opitz und Dr.-Ing. Karl-Heinrich Fröhlich, Max-Planck-Institut für Eisenforschung, Düsseldorf
Einfluß des Gefüges auf die Zerspanbarkeit von Einsatz und Vergütungsstählen
1957. 77 Seiten, 126 Abb., 11 Tabellen. DM 22,45

HEFT 287
Prof. Dr.-Ing. habil. Karl Krekeler, Institut für Kunststoffverarbeitung in Industrie und Handwerk an der Rhein.-Westf. Technischen Hochschule Aachen
Änderungen der mechanischen Eigenschaftswerte thermoplastischer Kunststoffe bei Beanspruchung in verschiedenen Medien
1956. 49 Seiten, 23 Abb., 5 Tabellen. DM 13,70

HEFT 288
Dr. phil. Kurt Brücker-Steinkuhl, Düsseldorf
Anwendung mathematisch-statischer Verfahren in der Industrie
1956. 103 Seiten, 28 Abb., 14 Tabellen. Vergriffen

HEFT 295
Prof. Dr.-Ing. Herwart Opitz und Dipl.-Ing. Heinrich Axer, Laboratorium für Werkzeugmaschinen und Betriebslehre der Rhein.-Westf. Technischen Hochschule Aachen
Untersuchung und Weiterentwicklung neuartiger elektrischer Bearbeitungsverfahren
1956. 31 Seiten, 27 Abb. DM 10,30

HEFT 296
Prof. Dr.-Ing. Herwart Opitz, Aachen
I. Untersuchungen an elektronischen Regelantrieben
II. Statische Untersuchungen zur Ausnutzung von Drehbänken
1956. 33 Seiten, 18 Abb. DM 10,40

HEFT 304
Prof. Dr.-Ing. habil. Karl Krekeler und Dipl.-Ing. August Kleine-Albers, Aachen
Beitrag zur thermoelastischen Warmformbarkeit von hartem Polyvinylchlorid (Hart-PVC)
1956. 63 Seiten, 29 Abb. DM 17,70

HEFT 320
Dipl.-Phys. Dr. rer. nat. Hans-Eberhard Caspary, Physikalisches Institut der Universität Köln
Verwendung von Szintillationszählern an Stelle von Zählrohren zur zerstörungsfreien Materialprüfung
1956. 30 Seiten, 13 Abb., 2 Tabellen. DM 10,10

HEFT 324
Prof. Dr.-Ing. Herwart Opitz, Priv.-Doz. Dr.-Ing. Ernst Saljé und Dipl.-Ing. Karl-Eugen Schwartz, Laboratorium für Werkzeugmaschinen und Betriebslehre der Rhein.-Westf. Technischen Hochschule Aachen
Richtwerte für das Außenrund-Längs- und Einstechschleifen
1956. 50 Seiten, 44 Abb., 2 Tabellen. DM 13,85

HEFT 327
Prof. Dr.-Ing. habil. Karl Krekeler und Dr.-Ing. Heinz Peukert, Institut für Kunststoffverarbeitung in Industrie und Handwerk an der Rhein.-Westf. Technischen Hochschule Aachen
Beitrag zur thermoelastischen Formbarkeit von Polyäthylen
1956. 44 Seiten, 49 Abb., 9 Tabellen. DM 12,80

HEFT 350
Prof. Dr.-Ing. habil. Karl Krekeler und Dr.-Ing. Heinz Peukert, Institut für Kunststoffverarbeitung in Industrie und Handwerk an der Rhein.-Westf. Technischen Hochschule Aachen
Das Spannungsverhalten der Kunststoffe bei der Verarbeitung
1958. 24 Seiten, 112 Abb. DM 20,—

HEFT 351
Prof. Dr.-Ing. Herwart Opitz, Dipl.-Ing. Heinrich Axer und Dipl.-Ing. Helmut Rhode, Aachen
Zerspanbarkeit hochwarmfester und nichtrostender Stähle. Teil I
1957. 85 Seiten, 73 Abb., 2 Tabellen. DM 21,80

HEFT 385
Prof. Dr.-Ing. Herwart Opitz, Dr.-Ing. Heinrich Axer und Dipl.-Ing. Heinrich Rohde, Aachen
Zerspanbarkeit hochwarmfester und nichtrostender Stähle. Teil II
1957. 73 Seiten, 54 Abb., 5 Tabellen. DM 19,30

HEFT 386
Prof. Dr.-Ing. Herwart Opitz und Dipl.-Ing. Oskar Hake, Aachen
Standzeituntersuchungen und Verschleißmessungen mit radioaktiven Isotopen
1958. 36 Seiten, 33 Abb., 3 Tabellen. DM 12,75

HEFT 395
Dipl.-Ing. Ludwig Hahn, Clausthal- Zellerfeld
Untersuchungen zur Frage des optimalen Bohrloch- und Patronendurchmessers
1957. 119 Seiten, 49 Abb., 19 Tabellen. DM 31,25

HEFT 405
Prof. Dr.-Ing. Herwart Opitz und Dipl.-Ing. Hermann Schuler, Aachen
Untersuchungen für einen Wirtschaftlichkeitsvergleich der Feinbearbeitungsverfahren
1958. 58 Seiten, 43 Abb. DM 17,90

HEFT 406
Werner Kirsch, Leverkusen
Entwicklungsarbeiten auf dem Gebiete des Korrosionsschutzes und der Abdichtung
1957. 76 Seiten, 28 Abb., 11 Tabellen. DM 19,—

HEFT 408
Prof. Dr. phil. Franz Wever, Dr.-Ing. Werner Lueg und Dr.-Ing. Hans Günter Müller, Max-Planck-Institut für Eisenforschung, Düsseldorf
Kraft und Arbeitsbedarf beim Warmscheren von Stahl in Abhängigkeit von Temperatur und Schnittgeschwindigkeit
1957. 33 Seiten, 15 Abb., 3 Tabellen. DM 11,35

HEFT 413
Prof. Dr.-Ing. Herwart Opitz, Dipl.-Ing. Henning Siebel und Dipl.-Ing. Reinhard Fleck, Aachen
Richtwerte für das Fräsen von unlegierten und legierten Baustählen mit Hartmetall, Teil II
1957. 44 Seiten, 35 Abb., 4 Tabellen. DM 14,40

HEFT 426
Prof. Dr.-Ing. Herwart Opitz und Dipl.-Ing. Walter Scholz, Aachen
Untersuchungen über den Räumvorgang
1957, 64 Seiten, 36 Abb., 7 Tabellen. DM 16,55

HEFT 447
Prof. Dr.-Ing. F. Bollenrath, Aachen, Dr.-Ing. H. Füllenbach, Seesen (Harz), und Dipl.-Ing. J. Schumacher, Neubeckum (Westf.)
Entwicklung rationell arbeitender Spritzkabinen
1958. 44 Seiten, 26 Abb. Vergriffen

HEFT 465
Dr.-Ing. Richard Koch, Forschungsinstitut für Rationalisierung an der Rhein.-Westf. Technischen Hochschule Aachen
Amerikanische Fertigungsunterlagen und ihre Werkstattreifmachung für deutsche Betriebe
1958. 54 Seiten, 19 Abb. DM 17,35

HEFT 474
Dr.-Ing. Rolf Ibing und Dipl.-Ing. Günther Meier, Institut für Mechanik der Technischen Hochschule Hannover
Leiter: Prof. Dr.-Ing. Otto Flachsbart
Entwicklung und Eichung von Staubentnahmesonden
1958. 20 Seiten, 9 Abb., 2 Tabellen. DM 8,65

HEFT 511
Dipl.-Ing. Hans Wahl, Dipl.-Ing. Georg Kantenwein und Dipl.-Ing. Wilfried Schäfer
Im Auftrage des Steinkohlenbergbauvereins, Essen
Gesteinsbohr-Modellversuche zur Frage des Drehbohrens, Schlagbohrens, Drehschlagbohrens und Rollenmeißelbohrens
1958. 254 Seiten, 167 Abb. DM 52,—

HEFT 520
Prof. Dr.-Ing. Herwart Opitz, Dipl.-Ing. Hans Obrig und Dipl.-Ing. Paul Kips, Laboratorium für Werkzeugmaschinen und Betriebslehre der Rhein.-Westf. Technischen Hochschule Aachen
Untersuchung neuartiger elektrischer Bearbeitungsverfahren
1958. 44 Seiten, 35 Abb., 2 Tabellen. DM 14,70

HEFT 521
Prof. Dr.-Ing. Herwart Opitz und Dipl.-Ing. Karl-Eugen Schwartz, Laboratorium für Werkzeugmaschinen und Betriebslehre der Rhein.-Westf. Technischen Hochschule Aachen
Das Abrichten von Schleifscheiben mit Diamanten
1958. 58 Seiten, 34 Abb., 3 Tabellen. DM 17,15

HEFT 570
Prof. Dr.-Ing. habil. Karl Krekeler, Dr.-Ing. Heinz Peukert und Dipl.-Ing. Otto Schwartz, Aachen
Kerbempfindlichkeit thermoplastischer Kunststoffe abhängig von der Kerbform und der Beanspruchungstemperatur
1958. 39 Seiten, 24 Abb., 10 Tabellen. DM 13,30

HEFT 603
Prof. Dr.-Ing. Ludolf Engel und Dr.-Ing. Jochen Foerster, Bergakademie Clausthal-Zellerfeld
Gummielastische Stoffe als Dämpfungselemente an schlagenden Werkzeugen
1958. 48 Seiten, 36 Abb. DM 14,70

HEFT 605
Ing. Leonhard Bommes, Mönchengladbach
Bestimmung von Leistung und Wirkungsgrad eines Ventilators
1958. 45 Seiten, 29 Abb., 3 Tabellen. DM 12,60

HEFT 638
Prof. Dr.-Ing. Herwart Opitz, Dr.-Ing. Hermann Schuler und Dipl.-Ing. Paul-Heinz Brammertz, Verein Deutscher Ingenieure, Fachgruppe Betriebstechnik, Düsseldorf
Die Werkstückgüte beim Feindrehen und Feinschleifen und ihr Einfluß auf die Fertigungskosten
1958. 46 Seiten, 29 Abb. DM 12,80

HEFT 643
Max-Planck-Institut für Silikatforschung, Würzburg
Anisotropiemessungen an Schleifkörpern
1958. 38 Seiten, 22 Abb. DM 11,70

HEFT 664
Dr. phil. habil. Paul Hölemann und Ing. Rolf Hasselmann, Forschungsstelle für Acetylen, Düsseldorf-Reisholz
Die Bestimmung der Gasausbeute von Karbid
1958. 21 Seiten, 3 Abb., 5 Tabellen. DM 6,70

HEFT 693
Prof. Dr.-Ing. Otto Kienzle, D.-Ing. Friedrich Wilhelm Timmerbeil und Dr.-Ing. Thomas Jordan, Hannover
Einige Untersuchungen über das Schneiden von Blechen
1959. 55 Seiten, 42 Abb., 3 Tabellen. DM 17,40

HEFT 707
Prof. Dr.-Ing. habil. Karl Krekeler und Dipl.-Ing. Hans Verhoeven, Institut für Schweißtechnische Fertigungsverfahren an der Rhein.-Westf. Technischen Hochschule Aachen
Untersuchungen über Bolzenschweißverfahren
1959. 32 Seiten, 32 Abb. DM 11,—

HEFT 708
Prof. Dr.-Ing. habil. Karl Krekeler, Dr.-Ing. Heinz Peukert und Dipl.-Ing. Josef Zähren, Institut für Kohlenstoffverarbeitung an der Rhein.-Westf. Technischen Hochschule Aachen
Die Schweißbarkeit weicher Kunststoff-Schaumstoffe
1959. 33 Seiten, 28 Abb., 3 Tabellen. DM 10,90

HEFT 745
Prof. Dr.-Ing. Wilhelm Batel, Mitteilung aus dem Institut Aachen der Forschungsgesellschaft Verfahrenstechnik
Über die Zerkleinerung zwischen Mahlhilfskörpern in Schwing- und Rohrmühlen und über die Kennzeichnung und Analyse des Mahlgutes
1959. 94 Seiten. DM 27,30

HEFT 747
Dr.-Ing. Gerhard Seulen und Ing. Herbert Geisel, Verein Deutscher Ingenieure, VDI-Fachgruppe Betriebstechnik (ADB) Düsseldorf
Ermittlung der Einhärtungstiefen beim Induktionshärten mit einer Frequenz von 10 kHz
1959. 25 Seiten, 19 Abb., 2 Tabellen. DM 7,90

HEFT 764
Prof. Dr.-Ing. Herwart Opitz, Dr.-Ing. Henning Siebel und Dipl.-Ing. Reinhard Fleck, Laboratorium für Werkzeugmaschinen und Betriebslehre der Rhein.-Westf. Technischen Hochschule Aachen
Keramische Schneidstoffe
1959. 30 Seiten, 18 Abb. DM 9,80

HEFT 770
Dr.-Ing. Reinhard Bressler, Leverkusen
Untersuchung des Wärmeüberganges in einem Dünnschichtverdampfer
1960. 50 Seiten, 37 Abb. DM 15,30

HEFT 771
Dr.-Ing. Bruno Hille, Institut für Baumaschinen und Baubetrieb der Rhein.-Westf. Technischen Hochschule Aachen
Leiter: Prof. Dr. Georg Garbotz
Die Veränderungen des Kornaufbaues während des Betriebsablaufes beim Aufbereiten von bituminösem Mischgut unter besonderer Berücksichtigung des Durchganges der Körnungen durch die Trockentrommel
1959. 87 Seiten, 52 Abb., 20 Tabellen im Anhang. DM 32,60

HEFT 775
Prof. Dr.-Ing. Herwart Opitz und Dr.-Ing. Janez Peklenik, Laboratorium für Werkzeugmaschinen und Betriebslehre der Rhein.-Westf. Technischen Hochschule Aachen
Über den Aufbau und das Verhalten meßgesteuerter Werkzeugmaschinen
1959. 37 Seiten, 27 Abb. DM 11,40

HEFT 777
Prof. Dr.-Ing. Herwart Opitz und Dipl.-Ing. Paul-Heinz Brammertz, Laboratorium für Werkzeugmaschinen und Betriebslehre der Rhein.-Westf. Technischen Hochschule Aachen
Werkstückgüte und Fertigkeitskosten beim Innen-Feindrehen und Außenrund-Einstechschleifen
1959. 91 Seiten, 68 Abb. DM 25,30

HEFT 788
Prof. Dr.-Ing. Herwart Opitz, Laboratorium für Werkzeugmaschinen und Betriebslehre der Rhein.-Westf. Technischen Hochschule Aachen
Der Einsatz radioaktiver Isotope bei Zerspanungsuntersuchungen
1959. 35 Seiten, 23 Abb. DM 11,30

HEFT 806

Prof. Dr.-Ing. Herwart Opitz und Dr.-Ing. Rolf Piekenbrink, Laboratorium für Werkzeugmaschinen und Betriebslehre der Rhein.-Westf. Technischen Hochschule Aachen

Untersuchungen an Zahnradbearbeitungsmaschinen

1960. 95 Seiten, 81 Abb. DM 29,30

HEFT 809

Prof. Dr.-Ing. Herwart Opitz und Dipl.-Ing. H. H. Herold, Laboratorium für Werkzeugmaschinen und Betriebslehre der Rhein.-Westf. Technischen Hochschule Aachen

Untersuchung von elektro-mechanischen Schaltelementen

1960. 35 Seiten, 16 Abb. DM 11,—

HEFT 810

Prof. Dr.-Ing. Herwart Opitz und Dr.-Ing. Norbert Maas, Laboratorium für Werkzeugmaschinen und Betriebslehre der Rhein.-Westf. Technischen Hochschule Aachen

Das dynamische Verhalten von Lastschaltgetrieben

1960. 97 Seiten, 77 Abb. DM 29,50

HEFT 812

Prof. Dr.-Ing. Otto Kienzle und Dipl.-Ing. Klaus Mietzner, Institut für Werkzeugmaschinen und Umformtechnik an der Technischen Hochschule Hannover

Mikrogeometrische Veränderungen der Oberfläche bei Kaltumformvorgängen

1960. 47 Seiten, 38 Abb. DM 16,60

HEFT 820

Prof. Dr.-Ing. Herwart Opitz, Dipl.-Ing. Helmut Rohde und Dipl.-Ing. Wilfried König, Laboratorium für Werkzeugmaschinen und Betriebslehre der Rhein.-Westf. Technischen Hochschule Aachen

Untersuchungen der Spanformung durch Spanbrecher beim Drehen mit Hartmetallwerkzeugen

1960. 46 Seiten, 41 Abb. DM 15,80

HEFT 830

Prof. Dr.-Ing. Herwart Opitz und Dipl.-Ing. Wolfgang Backé, Laboratorium für Werkzeugmaschinen und Betriebslehre der Rhein.-Westf. Technischen Hochschule Aachen

Automatisierung des Arbeitsablaufes in der spanabhebenden Fertigung. Untersuchung eines unstetigen Nachformsystems mit einem elektrohydraulischen Stellglied

1960. 43 Seiten. 39 Abb. DM 14,60

HEFT 831

Prof. Dr.-Ing. Herwart Opitz, Dr.-Ing. Hans-Günther Rohs und Dr.-Ing. Gottfried Stute, Laboratorium für Werkzeugmaschinen und Betriebslehre der Rhein.-Westf. Technischen Hochschule Aachen

Statistische Untersuchungen über die Ausnutzung von Werkzeugmaschinen in der Einzel- und Massenfertigung

1960. 38 Seiten, 32 Abb. DM 13,—

HEFT 848

Dr.-Ing. Hans-Jochen Stöter, Institut für Werkzeugmaschinen und Umformtechnik der Technischen Hochschule Hannover

Untersuchung des Schmiedevorganges in Hammer und Presse, insbesondere hinsichtlich des Steigens

1960. 133 Seiten, 62 Abb., 8 Tabellen. DM 35,60

HEFT 864

Prof. Dr.-Ing. Herwart Opitz und Dr.-Ing. Gottfried Stute, Laboratorium für Werkzeugmaschinen und Betriebslehre der Rhein.-Westf. Technischen Hochschule Aachen

Funkenarbeit und Bearbeitungsergebnis bei der funkenerosiven Bearbeitung

1960. 44 Seiten, 19 Abb. DM 13,60

HEFT 894

Baudirektor Dr.-Ing. Wolfram Lindner, Staatliche Ingenieurschule für Maschinenwesen, Hagen

Vorschlag zur Vereinheitlichung der Hauptabmessungen an handelsüblichen Zahnradgetrieben

1960. 102 Seiten, 26 Abb., 21 Getriebeblätter, 38 Tabellen. DM 31,30

HEFT 898

Prof. Dr.-Ing. Herwart Opitz und Dipl.-Ing. Herbert de Jong, Laboratorium für Werkzeugmaschinen an der Rhein.-Westf. Technischen Hochschule Aachen

Untersuchung von Zahnradgetrieben und Zahnradbearbeitungsmaschinen in Zusammenarbeit mit der Industrie

1960. 58 Seiten, 52 Abb. DM 19,20

HEFT 900

Prof. Dr.-Ing. Herwart Opitz und Dr.-Ing. Johannes Bielefeld, Laboratorium für Werkzeugmaschinen und Betriebslehre der Rhein.-Westf. Technischen Hochschule Aachen

Modellversuche an Werkzeugmaschinenelementen

1960. 73 Seiten, 55 Abb. DM 21,—

HEFT 901

Prof. Dr.-Ing. Herwart Opitz, Dr.-Ing. Johannes Bielefeld und Dipl.-Ing. Werner Kalkert, Laboratorium für Werkzeugmaschinen und Betriebslehre der Rhein.-Westf. Technischen Hochschule Aachen

Lebensdauerprüfung von Zahnradgetrieben

1960. 54 Seiten, 46 Abb. DM 17,30

HEFT 905

Prof. Dr.-Ing. Franz Kollmann, Institut für Holzforschung und Holztechnik der Universität München

Untersuchung der wichtigeren Gebrauchseigenschaften von kunstharzbeschichteten Holzfaser- und Holzspanplatten

1960. 102 Seiten, 38 Abb., 12 Tabellen. DM 30,40

HEFT 927

Civilingenjör Lennart Junghahn, Institut für Verfahrenstechnik der GVT der Rhein.-Westf. Technischen Hochschule Aachen

Untersuchungen über die Krustenbildung an metallischen Werkstoffen

1960. 91 Seiten, 44 Abb., 4 Tabellen. DM 27,25

HEFT 928

Prof. Dr.-Ing. Herwart Opitz, Dipl.-Ing. Helmut Rohde und Dipl.-Ing. Wilfried König, Laboratorium für Werkzeugmaschinen und Betriebslehre der Rhein.-Westf. Technischen Hochschule Aachen

Untersuchung des Räumvorganges

1961. 115 Seiten, 90 Abb. DM 36,10

HEFT 929

Prof. Dr.-Ing. Herwart Opitz, Dr.-Ing. Henning Siebel, Dipl.-Ing. Reinhard Fleck und Dipl.-Ing. Franz Altdorf, Laboratorium für Werkzeugmaschinen und Betriebslehre der Rhein.-Westf. Technischen Hochschule Aachen

Richtwerte für das Fräsen von unlegierten und legierten Baustählen mit Hartmetall. – Teil III

1961. 64 Seiten, 57 Abb., 7 Tabellen. DM 21,30

HEFT 930

Prof. Dr.-Ing. Herwart Opitz und Dipl.-Ing. Rolf Umbach, Laboratorium für Werkzeugmaschinen und Betriebslehre der Rhein.-Westf. Technischen Hochschule Aachen

Modellversuch zur dynamischen Versteifung von Werkzeugmaschinen durch Ankopplung gedämpfter Hilfsmassensysteme

1961. 37 Seiten, 30 Abb. DM 13,30

HEFT 934

Prof. Dr.-Ing. Alfred H. Henning, Dr.-Ing. Heinz Peukert und Friedrich Mittrop, Institut für Kunststoffverarbeitung der Rhein.-Westf. Technischen Hochschule Aachen

Auswertung der in- und ausländischen Literatur auf dem Gebiete des Metallklebens. Teil II

1961. 143 Seiten. DM 36,90

HEFT 935

Dr. phil. nat. Erhard Herre, Essen

Korrosionsschutzmaßnahmen in Warmwasseranlagen unter Anwendung von Impfphosphaten und des kathodischen Schutzverfahrens mit Magnesium-Anoden

1961. 110 Seiten, 72 Abb., 7 Tabellen. DM 33,80

HEFT 955

Prof. Dr.-Ing. Herwart Opitz und Dipl.-Ing. Hans Uhrmeister, Laboratorium für Werkzeugmaschinen und Betriebslehre der Rhein.-Westf. Technischen Hochschule Aachen

Die dynamischen Eigenschaften hydraulischer Vorschubmotoren für Werkzeugmaschinen

1961. 60 Seiten, 66 Abb. DM 20,—

HEFT 965

Prof. Dr.-Ing. Dr. h. c. Herwart Opitz und Dipl.-Ing. Helmut Frank, Laboratorium für Werkzeugmaschinen und Betriebslehre der Rhein.-Westf. Technischen Hochschule Aachen

Richtwerte für das Außenrundschleifen

1961. 78 Seiten, 49 Abb., 4 Tabellen. DM 23,20

HEFT 966

Prof. Dr.-Ing. Dr. E. h. Otto Kienzle und Dr.-Ing. Klaus Grüning, Verein Deutscher Ingenieure, Düsseldorf

Über die Beanspruchungsverhältnisse in Blockaufnehmern von Strangpressen

1961. 136 Seiten, 70 Abb., 7 Tafeln. DM 40,70

HEFT 994

Dipl.-Phys. Ernst Schmidt, Institut für Verfahrenstechnik der GVT der Rhein.-Westf. Technischen Hochschule Aachen

Über die Entwicklung eines adiabatischen Kalorimeters zur genauen Messung von spezifischen Wärmen körniger und pulverförmiger Stoffe

1961. 74 Seiten, 24 Abb., 4 Tabellen. DM 21,—

HEFT 1007

Prof. Dr.-Ing. Dr. h. c. Herwart Opitz und Dr.-Ing. Gottfried Stute, Laboratorium für Werkzeugmaschinen und Betriebslehre der Rhein.-Westf. Technischen Hochschule Aachen

Berechnung der Funkenarbeit aus den elektrischen Daten der Arbeitskreiselemente von Funkenerosionsmaschinen

1961. 43 Seiten, 9 Abb. DM 14,80

HEFT 1008

Prof. Dr.-Ing. Dr. h. c. Herwart Opitz und Dr.-Ing. Paul-Heinz Brammertz, Laboratorium für Werkzeugmaschinen und Betriebslehre der Rhein.-Westf. Technischen Hochschule Aachen

Untersuchung der Ursachen für Form- und Maßfehler bei der Feinbearbeitung

1961. 43 Seiten, 32 Abb. DM 15,20

HEFT 1010

Prof. Dr.-Ing. Dr. h. c. Herwart Opitz, Dr.-Ing. Paul Kips, Laboratorium für Werkzeugmaschinen und Betriebslehre der Rhein.-Westf. Technischen Hochschule Aachen

Grundlagen des elektroerosiven Schleifens bei der Werkzeugaufbereitung

1961, 68 Seiten, 40 Abb., 6 Tabellen. DM 21,70

HEFT 1011

Prof. Dr.-Ing. Dr. h. c. Herwart Opitz, Dr.-Ing. Günter Ostermann und Dipl.-Ing. Max Gappisch, Laboratorium für Werkzeugmaschinen und Betriebslehre der Rhein.-Westf. Technischen Hochschule Aachen

Untersuchung der Ursachen des Werkzeugverschleißes

1961. 63 Seiten, 37 Abb., 3 Tabellen. DM 23,90

HEFT 1059

Dipl.-Ing. Ewald Reiners, Institut Verfahrenstechnik der GVT der Rhein.-Westf. Technischen Hochschule Aachen

Der Mechanismus der Prallzerkleinerung beim geraden, zentralen Stoß und die Anwendung dieser Beanspruchungsart bei der Zerkleinerung, insbesondere bei der selektiven Zerkleinerung von spröden Stoffen

1962. 64 Seiten, 24 Abb., 1 Tabelle. DM 22,60

HEFT 1060
Dipl.-Ing. Robert Rautenbach, Institut Verfahrenstechnik der GVT der Rhein.-Westf. Technischen Hochschule Aachen
Das Fließverhalten von Kunststoff im Walzspalt, untersucht am Beispiel von Polyäthylen
1961. 46 Seiten, 25 Abb., 1 Tabelle. DM 17,—

HEFT 1070
Prof. Dr.-Ing. Dr. h. c. Herwart Opitz und Dipl.-Ing. Hans-Hermann Herold, Laboratorium für Werkzeugmaschinen und Betriebslehre der Rhein.-Westf. Technischen Hochschule Aachen
Elektromechanische Kopiersteuerungen
1962. 102 Seiten, 74 Abb. DM 33,90

HEFT 1150
Prof. Dr.-Ing. Dr. h. c. Herwart Opitz, Dr.-Ing. Paul-Heinz Brammertz und Dr.-Ing. Ernst H. Kohlhage, Laboratorium für Werkzeugmaschinen und Betriebslehre der Rhein.-Westf. Technischen Hochschule Aachen
Untersuchungen zum Leistungsvergleich der Feinbearbeitungsverfahren
1963. 60 Seiten, 47 Abb. DM 31,20

HEFT 1181
Prof. Dr.-Ing. Joseph Mathieu, Dipl.-Ing. Kurt Gollnow, Forschungsinstitut für Rationalisierung der Rhein.-Westf. Technischen Hochschule Aachen
Beitrag zur Rationalisierung handwerklicher Betriebe - Entwicklung einer Untersuchungsmethode, dargestellt am Beispiel des Schreinerhandwerks
1963. 118 Seiten, 19 Abb., zahlreiche Übersichten. DM 62,50

HEFT 1182
Prof. Dr.-Ing. Alfred Kuhlenkamp und Dipl.-Ing. Ernst Reuter, Institut für Feinwerktechnik und Regelungstechnik der Technischen Hochschule Braunschweig
Entwicklung eines Drehmomenten-Meßgerätes
1963. 40 Seiten, 27 Abb. DM 18,90

HEFT 1216
Prof. Dr.-Ing. Joseph Mathieu, Dr.-Ing. Johann Heinrich Jung und Dr. rer. nat. Konstantin Behnert, Forschungsinstitut für Rationalisierung der Rhein.-Westf. Technischen Hochschule Aachen
Ein Verfahren zur Planung der Maschinenbelegung in einer Fertigungsstufe
1963. 39 Seiten, 18 Abb. DM 19,50

HEFT 1265
Dipl.-Ing. Fulvio Fonzi,
Institut für Arbeitswissenschaft
der Rhein.-Westf. Technischen Hochschule Aachen
Direktor : Prof. Dr.-Ing. Joseph Mathieu
Beitrag zur Anwendung mathematischer Methoden für eine wirtschaftlichere Gestaltung der Fertigung
1964. 78 Seiten, 36 Abb. DM 48,50

HEFT 1312
Prof. Dr.-Ing. Dr. h. c. Herwart Opitz, und Dr.-Ing. Ernst Hermann Kohlhage, Laboratorium für Werkzeugmaschinen und Betriebslehre an der Rhein.-Westf. Technischen Hochschule Aachen
Zuordnung der Oberflächengüte zur ISA-Maßtoleranz
1964. 68 Seiten, 34 Abb., 8 Tabellen. DM 36,—

HEFT 1440
Prof. Dr.-Ing. Alfred H. Henning †, Dipl.-Ing. Gerhard Glasmacher und Dipl.-Ing. Josef Zöhren, Institut für Kunststoffverarbeitung in Industrie und Handwerk an der Rhein.-Westf. Technischen Hochschule Aachen
Untersuchung und Entwicklung von Prüfverfahren für Kunststoff-Schweißverbindungen
1964. 51 Seiten, 47 Abb. DM 24,50

HEFT 1505
Prof. Dr.-Ing. Alfred H. Henning †, Prof. Dr.-Ing. habil. Karl Krekeler und Dipl.-Ing. J. Eilers, Institut für Kunststoffverarbeitung in Industrie und Handwerk an der Rhein.-Westf. Technischen Hochschule Aachen
Zusammenstellung verschiedener Verbindungsmöglichkeiten für Kunststoffrohre und Festigkeitsuntersuchungen an PVC- und PE-Rohren und deren Verbindungen
1965. 103 Seiten, 97 Abb., 18 Tabellen. DM 58,—

HEFT 1506
Prof. Dr.-Ing. Alfred H. Henning †, Prof. Dr.-Ing. habil. Karl Krekeler und Dipl.-Ing. Arne Rothenpieler, Institut für Kunststoffverarbeitung in Industrie und Handwerk an der Rhein.-Westf. Technischen Hochschule Aachen
Untersuchungen über die Änderung der Festigkeitseigenschaften von Polyäthylen durch Warmrecken
1965. 36 Seiten, 31 Abb. DM 20,50

HEFT 1507
Prof. Dr.-Ing. Alfred H. Henning †, Prof. Dr.-Ing. habil. Karl Krekeler und Dipl.-Ing. Peter Klenk, Institut für Kunststoffverarbeitung in Industrie und Handwerk an der Rhein.-Westf. Technischen Hochschule Aachen
Qualitätsuntersuchungen an Kunststoffrohren
1965. 52 Seiten, 35 Abb., 7 Tabellen. DM 28,—

HEFT 1508
Prof. Dr.-Ing. Alfred H. Henning †, Prof. Dr.-Ing. habil. Karl Krekeler, Dipl.-Ing. Arne Rothenpieler und Dipl.-Ing. Rainer Taprogge, Institut für Kunststoffverarbeitung in Industrie und Handwerk an der Rhein.-Westf. Technischen Hochschule Aachen
Einfluß des Umformgrades auf die Kaltsprödigkeit thermoplastischer Kunststoffe
1965. 31 Seiten, 22 Abb. DM 18,50

HEFT 1509
Dr.-Ing. Karl-Heinz Kaps, Forschungsinstitut für Rationalisierung an der Rhein.-Westf. Technischen Hochschule Aachen
Direktor : Prof. Dr.-Ing. Joseph Mathieu
Die Bedeutung der Lagerhaltung für die Produktionsplanung in Industriebetrieben
1965. 96 Seiten, 17 Abb., 5 Tabellen, 4 Diagramme. DM 58,—

HEFT 1525
Prof. Dr.-Ing. Alfred H. Henning †, Prof. Dr.-Ing. habil. Karl Krekeler und Dipl.-Ing. Hans Wilhelm Rotthaus, Institut für schweißtechnische Fertigungsverfahren der Rhein.-Westf. Technischen Hochschule Aachen
Untersuchung möglicher Zwangslagenschweißung mit dem Kohlensäure-Schweißverfahren
1965. 49 Seiten, 32 Abb., 8 Tabellen. DM 25,80

HEFT 1526
Prof. Dr.-Ing. Alfred H. Henning †, Prof. Dr.-Ing. habil. Karl Krekeler † und Dipl.-Ing. Alfried Meyer, Institut für schweißtechnische Fertigungsverfahren der Rhein.-Westf. Technischen Hochschule Aachen
Untersuchungen zum Buckelschweißen von Stahlblechen unter Verwendung verschiedener Buckeltypen
1966. 45 Seiten, 33 Abb., 13 Tabellen, 9 Diagramme. DM 27,—

HEFT 1527
Prof. Dr.-Ing. Alfred H. Henning †, Prof. Dr.-Ing. habil. Karl Krekeler † und Dr.-Ing. Horst Ernenputsch, Institut für schweißtechnische Fertigungsverfahren der Rhein.-Westf. Technischen Hochschule Aachen
Automatische Auftragsschweißung nach dem Metall-Lichtbogen-Verfahren unter Kohlendioxyd als Schutzgas
1966. 74 Seiten, 42 Abb. DM 38,30

HEFT 1528
Prof. Dr.-Ing. Alfred H. Henning †, Prof. Dr.-Ing. habil. Karl Krekeler †, Dr.-Ing. Salil Kumar Pal und Dipl.-Ing. Hans Verhoeven, Institut für schweißtechnische Fertigungsverfahren der Rhein.-Westf. Technischen Hochschule Aachen
Doppelkopfschweißen und Doppeldrahtschweißen nach dem Metall-Lichtbogen-Verfahren unter Verwendung von Kohlendioxyd als Schutzgas
1966. 56 Seiten, 46 Abb. DM 30,40

HEFT 1529
Prof. Dr.-Ing. Alfred H. Henning †, Prof. Dr.-Ing. habil. Karl Krekeler † und Dipl.-Ing. Friedhelm Walter, Institut für schweißtechnische Fertigungsverfahren der Rhein.-Westf. Technischen Hochschule Aachen
Schutzgasschweißen mit abschmelzender Elektrode unter Verwendung verschiedener Gasgemische
1965. 62 Seiten, 41 Abb., 3 Tabellen, 23 Diagramme. DM 36,50

HEFT 1532
Prof. Dr.-Ing. Dr. h. c. Herwart Opitz, Dr.-Ing. Helmut Frank, Dipl.-Ing. Wilhelm Ernst und Dipl.-Ing. Otto Daude, Laboratorium für Werkzeugmaschinen und Betriebslehre der Rhein.-Westf. Technischen Hochschule Aachen
Untersuchungen über den Einfluß des Schleifscheibenaufbaues und der Zerspanungsbedingungen auf die Ausbildung der Schneidfläche der Schleifscheibe im Hinblick auf das Arbeitsergebnis
1965. 77 Seiten, 49 Abb., 2 Tabellen. DM 47,—

HEFT 1535
Prof. Dr.-Ing. habil. Karl Krekeler † und Dipl.-Ing. Rainer Taprogge, Institut für Kunststoffverarbeitung in Industrie und Handwerk an der Rhein.-Westf. Technischen Hochschule Aachen
Untersuchungen zur Bestimmung des Zeitstandverhaltens thermoplastischer Kunststoffe bei Zug- und Biegebeanspruchung
1965. 82 Seiten, 109 Abb. DM 49,80

HEFT 1572
Prof. Dr.-Ing. Dr. h. c. Herwart Opitz und Dr.-Ing. E. Schaller, Laboratorium für Werkzeugmaschinen und Betriebslehre der Rhein.-Westf. Technischen Hochschule Aachen
Untersuchung der Ursachen des Werkzeugverschleißes
1966. 89 Seiten, 39 Abb., 5 Tabellen. DM 52,80

HEFT 1602
Prof. Dr.-Ing. Alfred H. Henning †, Prof. Dr.-Ing. habil. Karl Krekeler †, Dr.-Ing. Wolfgang Krieweth und Dipl.-Ing. Hans Verhoeven, Institut für Schweißtechnische Fertigungsverfahren der Rhein.-Westf. Technischen Hochschule Aachen
Das elektrische Vertikal – CO_2 – Schweißen mit zwangsweiser Schweißnahtbegrenzung
In Vorbereitung

HEFT 1603
Prof. Dr.-Ing. Alfred H. Henning †, Prof. Dr.-Ing. habil. Karl Krekeler † und Dipl.-Ing. Hans Verhoeven Institut für Schweißtechnische Fertigungsverfahren der Rhein.-Westf. Technischen Hochschule Aachen
Widerstandsschweißversuche an kaltfestigem Stahl
In Vorbereitung

HEFT 1646
Prof. Dr.-Ing. Alfred H. Henning †, Prof. Dr.-Ing. habil. Karl Krekeler † und Dipl.-Ing. E.O. Dessel, Institut für Schweißtechnische Fertigungsverfahren der Rhein.-Westf. Technischen Hochschule Aachen
Schneid- und Schweißversuche mit Elektronenstrahlen
1966. 47 Seiten, 24 Abb., 9 Diagramme. DM 26,20

HEFT 1676
Prof. Dr.-Ing. Dr. h. c. Herwart Opitz, Dr.-Ing. Wilfried Lehwald und Dipl.-Ing. Wolf-Dieter Neumann, Laboratorium für Werkzeugmaschinen und Betriebslehre der Rhein.-Westf. Technischen Hochschule Aachen
Untersuchungen über den Einsatz von Hartmetallen beim Schrupp- und Schlichtfräsen von Stahl mit Messerköpfen
1966. 58 Seiten, 35 Abb., 3 Tabellen. DM 37,60

HEFT 1702
Prof. Dr.-Ing. Alfred H. Henning †, Prof. Dr.-Ing. habil. Karl Krekeler † und Dipl.-Ing. Hans Wilhelm Rotthaus, Institut für Schweißtechnische Fertigungsverfahren der Rhein.-Westf. Technischen Hochschule Aachen
Lichtbogenschweißen mit Wasserdampfschutz
1966. 56 Seiten, 38 Abb., 10 Tabellen. DM 33,80

HEFT 1703

Prof. Dr.-Ing. Alfred H. Henning †, Prof. Dr.-Ing. habil. Karl Krekeler † und Dipl.-Ing. Rochus Gronwald, Institut für Schweißtechnische Fertigungsverfahren der Rhein.-Westf. Technischen Hochschule Aachen

Untersuchungen Elektro-Schlacke-Schweißen von Blechen geringer Wanddicke

1966. 51 Seiten, 38 Abb. DM 30,90

HEFT 1716

Prof. Dr.-Ing. Dr. h. c. Herwart Opitz, Dipl.-Ing. H. Heitmann, Dipl.-Ing. U. Becker-Barbrock und Dipl.-Ing. E. Scholz, Laboratorium für Werkzeugmaschinen und Betriebslehre der Rhein.-Westf. Technischen Hochschule Aachen

Untersuchung und Weiterentwicklung neuer Metallbearbeitungsverfahren – Elektrochemische Bearbeitung – *In Vorbereitung*

HEFT 1717

Prof. Dr.-Ing. habil. Dr. h. c. Max Fink und Dr.-Ing. Josef Kläusler, Forschungsinstitut der Gesellschaft zur Förderung der Glimmentladungsforschung e. V., Köln Direktor: Prof. Dr. Martin Schmeisser

Die Schaffung hochabnutzungsfester Reibflächen durch Ionitrierung von Kugelgraphitguß

In Vorbereitung

HEFT 1734

Prof. Dr.-Ing. Friedrich Eichhorn, Prof. Dr.-Ing. Alfred H. Henning †, Prof. Dr.-Ing. habil. Karl Krekeler †, Prof. Dr.-Ing. Georg Menges und Dipl.-Ing. Friedrich Mittrop, Institut für Kunststoffverarbeitung in Industrie und Handwerk an der Rhein.-Westf. Technischen Hochschule Aachen

Untersuchungen über das Alterungsverhalten, die Temperaturbeständigkeit und Zeitstandfestigkeit von Metallklebverbindungen mit und ohne Füllstoffzusätze zum Klebstoff *In Vorbereitung*

HEFT 1735

Dipl.-Phys. Alfred Krings, Dr.-Ing. Hans Schlaug und Dr. rer. nat. Paul Schümmer, Institut für Verfahrenstechnik der Rhein.-Westf. Technischen Hochschule Aachen

Bestimmung des Diffusionskoeffizienten von Kalium in Kupfer

HEFT 1747

Prof. Dr.-Ing. Alfred H. Henning †, Prof. Dr.-Ing. habil. Karl Krekeler †, Prof. Dr.-Ing. Georg Menges und Dipl.-Ing. Friedrich Mittrop, Institut für Kunststoffverarbeitung in Industrie und Handwerk an der Rhein.-Westf. Technischen Hochschule Aachen

Die Spannungsrißkorrosion bei Kunststoffen – Zusammenstellung von Prüfverfahren und Untersuchungen an PE und PVC *In Vorbereitung*

HEFT 1750

Prof. Dr.-Ing. Dr. h. c. Herwart Opitz, Dr.-Ing. Alfred Ledergerber, Dr.-Ing. Tschol-Hi Kang und Dipl.-Ing. Reinhard Derenthal, Laboratorium für Werkzeugmaschinen und Betriebslehre der Rhein.-Westf. Technischen Hochschule Aachen

Untersuchung bei der Feinbearbeitung

In Vorbereitung

HEFT 1751

Prof. Dr.-Ing. Dr. h. c. Herwart Opitz, Dr.-Ing. Albert Mussenbrock, Dr.-Ing. Reinhard Thämer und Dipl.-Ing. Karl Ziegeler, Laboratorium für Werkzeugmaschinen und Betriebslehre der Rhein.-Westf. Technischen Hochschule Aachen

Über die Ermittlung von Schnittkräften und das statische und dynamische Verhalten von Verzahnmaschinen *In Vorbereitung*

HEFT 1762

Dipl.-Ing. Ludwig Mühlhaus, Institut für Verfahrenstechnik der Rhein.-Westf. Technischen Hochschule Aachen

Meßtechnische Untersuchungen zur Strukturanalyse von Mischkörpern *In Vorbereitung*

HEFT 1765

Prof. Dr.-Ing. Alfred H. Henning †, Prof. Dr.-Ing. habil. Karl Krekeler †, Prof. Dr.-Ing. Georg Menges und Dipl.-Ing. Bernhard Frerichmann, Institut für Kunststoffverarbeitung in Industrie und Handwerk an der Rhein.-Westf. Technischen Hochschule Aachen

Ermittlung fertigungsgerechter Arbeitsbedingungen und Untersuchungen des Zerspanungsverhaltens beim Drehen thermoplastischer Kunststoffe

HEFT 1769

Prof. Dr.-Ing. Georg Menges und Dipl.-Ing. S. Joisten, Institut für Kunststoffverarbeitung in Industrie und Handwerk an der Rhein.-Westf. Technischen Hochschule Aachen

Untersuchung des Festigkeits- und Verschleißverhaltens von Polyamidzahnrädern zur Schaffung von Berechnungs- und Konstruktionsunterlagen

In Vorbereitung

HEFT 1796

Prof. Dr.-Ing. Dr. h. c. Herwart Opitz und Dr.-Ing. Wolfgang Schilling, Laboratorium für Werkzeugmaschinen und Betriebslehre der Rhein.-Westf. Technischen Hochschule Aachen

Untersuchung der Verschleißreaktionen bei der Bearbeitung von Stahl mit Schnellarbeitsstahlwerkzeugen

In Vorbereitung

HEFT 1797

Prof. Dr.-Ing. Dr. h. c. Herwart Opitz, Dr.-Ing. Josef Derichs, Dipl.-Ing. Walter Hofmann, Dipl.-Ing. Volker Meyringer, Dr.-Ing. Hans-Georg Möbius und Dipl.-Ing. Manfred Rünnenburger, Laboratorium für Werkzeugmaschinen und Betriebslehre der Rhein.-Westf. Technischen Hochschule Aachen

Automatisierung der Werkzeugmaschine für die spanabhebende Bearbeitung.

Untersuchungen an Weggebern für die Positionierung

Untersuchungen an Stelltrieben für numerisch gesteuerte Werkzeugmaschinen

Untersuchungen an Meßsteuerungen

In Vorbereitung

HEFT 1799
Prof. Dr.-Ing. Georg Menges, Aachen, Dipl.-Ing. Friedrich Mittrop, Aachen und Dipl.-Ing. Willi Dalhoff, Aachen
Institut für Kunststoffverarbeitung in Industrie und Handwerk an der Rhein.-Westf. Technischen Hochschule Aachen
Auswertung der in- und ausländischen Literatur auf dem Gebiete des Metallklebens
III. Teil

In Vorbereitung

HEFT 1817
Prof. Dr.-Ing. Dr. h. c. Herwart Opitz, Dr.-Ing. W. Eggert und Dipl.-Ing. H. I. Faulstich, Laboratorium für Werkzeugmaschinen und Betriebslehre der Rhein.-Westf. Technischen Hochschule Aachen
Untersuchungen über die Fertigungsgenauigkeit beim Wälzfräsen von Stirnrädern

In Vorbereitung

WESTDEUTSCHER VERLAG · KÖLN UND OPLADEN
567 Opladen/Rhld., Ophovener Straße 1-3

GPSR Compliance

The European Union's (EU) General Product Safety Regulation (GPSR) is a set of rules that requires consumer products to be safe and our obligations to ensure this.

If you have any concerns about our products, you can contact us on ProductSafety@springernature.com

In case Publisher is established outside the EU, the EU authorized representative is:

Springer Nature Customer Service Center GmbH
Europaplatz 3
69115 Heidelberg, Germany

Batch number: 10584556

Printed by Printforce, the Netherlands